工业和信息化"十三五"人才培养规划教材　　黑马程序员 ◎ 编著

U0202713

ASP.NET

就业实例教程

第 2 版

人民邮电出版社

北 京

图书在版编目（ＣＩＰ）数据

ASP.NET就业实例教程 / 黑马程序员编著. -- 2版
. -- 北京 : 人民邮电出版社，2021.7
工业和信息化"十三五"人才培养规划教材
ISBN 978-7-115-55605-9

Ⅰ．①A… Ⅱ．①黑… Ⅲ．①网页制作工具－程序设
计－高等学校－教材 Ⅳ．①TP393.092.2

中国版本图书馆CIP数据核字(2020)第248953号

内 容 提 要

本书是一本基于ASP.NET Core Web应用程序开发的中级教材，全面系统地讲解了ASP.NET Core 3.1的开发技术与MVC模式。 全书共8章，第1章主要讲解ASP.NET Core的一些基础入门知识；第2～6章主要讲解MVC模式的使用，包括使用MVC模式搭建架构、配置路由、添加控制器、创建数据模型与仓库模式，以及显示视图；第7～8章主要讲解身份验证与授权、ASP.NET Core应用程序的发布与部署。本书将一个网上订餐项目作为综合项目贯穿全书，让读者在掌握知识的同时也可以熟练运用所学到的知识。

本书附有配套视频、教学大纲、教学PPT、教学设计、测试题、源代码等资源。为了帮助读者更好地学习，本书还提供在线答疑。

本书既可作为高等教育本、专科院校计算机相关专业的教材，也可作为ASP.NET框架的培训书，是一本适合广大计算机编程爱好者自学的参考读物。

◆ 编　　著　黑马程序员
　　责任编辑　范博涛
　　责任印制　彭志环
◆ 人民邮电出版社出版发行　　北京市丰台区成寿寺路11号
　　邮编　100164　　电子邮件　315@ptpress.com.cn
　　网址　https://www.ptpress.com.cn
　　固安县铭成印刷有限公司印刷
◆ 开本：787×1092　1/16
　　印张：9.25　　　　　　　　　　2021年7月第2版
　　字数：224千字　　　　　　　　2025年1月河北第5次印刷

定价：39.80 元

读者服务热线：(010)81055256　印装质量热线：(010)81055316
反盗版热线：(010)81055315
广告经营许可证：京东市监广登字 20170147 号

FOREWORD

 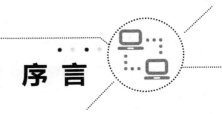

本书的创作公司——江苏传智播客教育科技股份有限公司（简称"传智教育"）作为我国第一个实现 A 股 IPO 上市的教育企业，是一家培养高精尖数字化专业人才的公司，主要培养人工智能、大数据、智能制造、软件开发、区块链、数据分析、网络营销、新媒体等领域的人才。传智教育自成立以来贯彻国家科技发展战略，讲授的内容涵盖了各种前沿技术，已向我国高科技企业输送数十万名技术人员，为企业数字化转型、升级提供了强有力的人才支撑。

传智教育的教师团队由一批来自互联网企业或研究机构，且拥有 10 年以上开发经验的 IT 从业人员组成，他们负责研究、开发教学模式和课程内容。传智教育具有完善的课程研发体系，一直走在整个行业的前列，在行业内树立了良好的口碑。传智教育在教育领域有 2 个子品牌：黑马程序员和院校邦。

一、黑马程序员——高端 IT 教育品牌

黑马程序员的学员多为大学毕业后想从事 IT 行业，但各方面的条件还达不到岗位要求的年轻人。黑马程序员的学员筛选制度非常严格，包括了严格的技术测试、自学能力测试、性格测试、压力测试、品德测试等。严格的筛选制度确保了学员质量，可在一定程度上降低企业的用人风险。

自黑马程序员成立以来，教学研发团队一直致力于打造精品课程资源，不断在产、学、研 3 个层面创新自己的执教理念与教学方针，并集中黑马程序员的优势力量，有针对性地出版了计算机系列教材百余种，制作教学视频数百套，发表各类技术文章数千篇。

二、院校邦——院校服务品牌

院校邦以"协万千院校育人、助天下英才圆梦"为核心理念，立足于中国职业教育改革，为高校提供健全的校企合作解决方案，通过原创教材、高校教辅平台、师资培训、院校公开课、实习实训、协同育人、专业共建、"传智杯"大赛等，形成了系统的高校合作模式。院校邦旨在帮助高校深化教学改革，实现高校人才培养与企业发展的合作共赢。

（一）为学生提供的配套服务

1. 请同学们登录"传智高校学习平台"，免费获取海量学习资源。该平台可以帮助同学们解决各类学习问题。

2. 针对学习过程中存在的压力过大等问题，院校邦为同学们量身打造了 IT 学习小助手——邦小苑，可为同学们提供教材配套学习资源。同学们快来关注"邦小苑"微信公众号。

（二）为教师提供的配套服务

1. 院校邦为其所有教材精心设计了"教案+授课资源+考试系统+题库+教学辅助案例"的系列教学资源。教师可登录"传智高校教辅平台"免费使用。

2. 针对教学过程中存在的授课压力过大等问题，教师可添加"码大牛"QQ（2770814393），或者添加"码大牛"微信（18910502673），获取最新的教学辅助资源。

为什么改版

ASP.NET Core 是一个免费的 Web 框架，用于构建网站和 Web 应用程序。随着 ASP.NET Core 版本的不断更新，其已由原来的 2.0 版升级到 3.1 版。为了让读者了解最新的技术，本书在《ASP.NET 就业实例教程》第 1 版的基础上进行了升级，将开发框架由 ASP.NET Core 2.0 升级为 ASP.NET Core 3.1，并将一个网上订餐项目贯穿全书，以此来讲解 MVC 模式的使用、身份验证与授权、应用程序的发布与部署等知识。

如何使用本书

本书突破传统教材的写法，在编写方式上做了重大突破。讲解每章内容时，首先通过【情景导入】模块，带领读者如"读故事"一样熟悉本章要学习的技术；然后对技术进行分解，通过【知识讲解】模块介绍本节涉及的理论知识，再通过【动手实践】模块详细讲解实现过程，最后通过【拓展学习】模块延伸学习内容。

本书共 8 章，具体内容如下。

● 第 1 章主要讲解 ASP.NET Core 基础入门，包括创建 ASP.NET Core 项目、安装与配置 IIS，以及网页入门。

● 第 2 章主要讲解使用 MVC 模式搭建架构，包括认识 MVC 模式、创建 MVC 项目。

● 第 3~4 章主要讲解配置路由与添加控制器，包括注册中间件、配置路由、自定义路由、创建控制器、定义动作方法、设置过滤器，以及动作执行结果等。

● 第 5~6 章主要讲解创建数据模型与仓库模式，以及显示视图，包括创建实体数据模型、创建数据库、添加 Repository 仓库模式、验证模型数据、认识视图、Razor 视图引擎、创建视图、向视图传递数据、美化网站等。

● 第 7~8 章主要讲解身份验证与授权、ASP.NET Core 应用程序的发布与部署，包括添加 ASP.NET Core Identity 框架、身份验证、用户授权、发布应用程序和部署应用程序等。

如果读者在理解知识点的过程中遇到困难，建议不要纠结，可以先往后学习。通常来讲，随着学习的深入，前面难以理解的知识点或许就能理解了。如果读者在动手练习的过程中遇到问题，建议多思考，理清思路，认真分析问题发生的原因，并在问题解决后多做总结。

致谢

本书的编写和整理工作由江苏传智播客教育科技股份有限公司完成，主要参与人员有柴永菲、高美云、韩冬、张瑞丹、豆翻等。全体参与人员在编写过程中付出了很多辛勤的汗水，在此一并表示衷心的感谢。

意见反馈

尽管我们付出了最大的努力，书中难免会有不妥之处，欢迎读者朋友们来信给予宝贵意见，我们将不胜感激。您在阅读本书时，如发现任何问题，可以通过电子邮件与我们取得联系。

来信请发送至电子邮箱：itcast_book@vip.sina.com。

黑马程序员
2021 年 3 月于北京

目 录
CONTENTS

专属于教师和学生的在线教育平台

让IT学习更简单

学生扫码关注"邦小苑"
获取教材配套资源及相关服务

让IT教学更有效

教师获取教材配套资源

教学大纲　教学设计　教学PPT

考试系统　教学辅助案例　在线编程

教师扫码添加"码大牛"
获取教学配套资源及教学前沿资讯
添加QQ/微信2011168841

第1章

ASP.NET Core基础入门

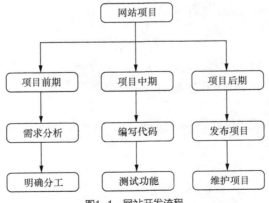

图1-1 网站开发流程

图 1-1 描述了网站开发的基本流程。通常网站开发都分为以下三个阶段：项目前期需要进行项目功能的需求分析，并根据具体功能来选择相应的技术人员；项目中期应进行网站功能代码的编写，同时还需要进行

相关测试，保证网站功能的完善；项目后期会将编写完成的项目代码发布到服务器上，此外，还需要对该项目进行维护，确保项目正常运行。

1.1 创建 ASP.NET Core 项目

ASP.NET Core 是微软推出的一项基于.NET Core 平台的 Web 开发技术。使用 ASP.NET Core 开发 Web 项目之前，建议先学习 C#语言，掌握好编程思想和 Visual Studio 开发工具的使用，这样有利于快速开发 ASP. NET Core 项目。

【知识讲解】

在开发 ASP.NET Core 网站之前，初学者有必要了解一些关于 Web 开发的基本知识，学习这些知识有助于初学者更好地理解项目，具体内容如下。

1. B/S 架构和 C/S 架构

架构可以理解为结构，大部分项目开发都可以分为 B/S（Browser/Server）架构或 C/S（Client/Server）架构。本书讲解的使用 ASP.NET 开发 Web 项目属于 B/S 架构，它们的具体区别如下。

（1）C/S 架构是客户端/服务器端的交互，例如：QQ。

（2）B/S 架构是浏览器/服务器端的交互，例如：网页 QQ。

2. 静态网页和动态网页

Web 项目一般都包含静态网页和动态网页，如果网站的数据需要经常更新，则需要使用动态网页，例如新闻、股票等类型的网站，而一些企业宣传网站等一般都是静态网页，它们的具体区别如下。

（1）静态网页是指网页内容不会变化，这里的变化是指与服务器不会发生数据交互。

（2）动态网页是指网页的内容会发生改变，会与服务器发生数据交互。

3. URL（网址）

URL（Uniform Resource Locator，统一资源定位系统）也被称为网址，一个 URL 包含了 Web 服务器的主机名、端口号、资源名和所使用的网络协议，具体示例如下：

```
http://www.itheima.com:80/index.html
```

上述 URL 中，"http"表示传输数据所使用的协议；"www.itheima.com"表示要请求的服务器主机名；"80"表示要请求的端口号，此处也可以省略，省略时表示使用默认端口号 80；"index.html"表示要请求的页面，也可以是其他的资源，如视频、音频、文件等。

【动手实践】

在学习开发一个完整的 ASP.NET Core 项目之前，首先来熟悉一下它的开发工具 Visual Studio 2019 的使用，下面就以一个最简单的 HelloWorld 程序为例，大家一起动手练练吧！

1. 新建项目

打开 Visual Studio 2019 开发工具，在 Visual Studio 2019 新建项目窗口中选择【创建新项目(N)】，如图 1-2 所示。

图1-2　新建项目

2. 选择项目类型

单击图 1-2 中的【创建新项目(N)】后会弹出"创建新项目"窗口，在窗口中的项目模板区域中选择【ASP.NET Core Web 应用程序】，如图 1-3 所示。

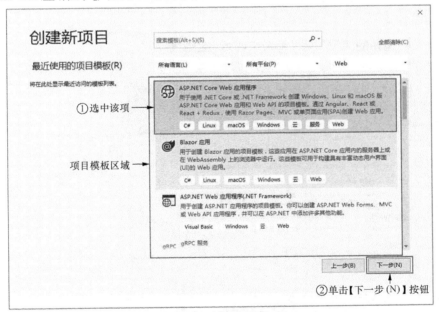

图1-3　选择项目类型

3. 输入项目信息

单击图 1-3 中的【下一步(N)】按钮进入"配置新项目"窗口，首先在该窗口中的"项目名称(N)"下方的输入框中输入"HelloWorld"，其次在"位置(L)"下方的输入框中输入新建项目的存储路径，可单击输入框后的【...】按钮选择存储路径，然后在"解决方案名称(M)"下方的输入框中输入"Chapter01"，最后单击【创建(C)】按钮，如图 1-4 所示。

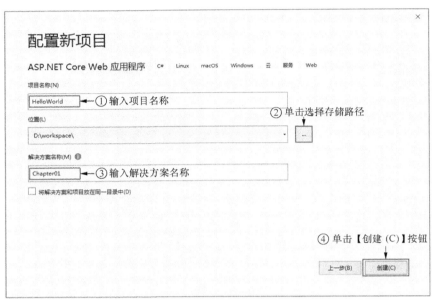

图1-4　输入项目信息

单击图 1-4 中的【创建(C)】按钮后，弹出一个用于选择模板的窗口，在该窗口的模板面板中选中【空】模板，并单击【创建】按钮，如图 1-5 所示。

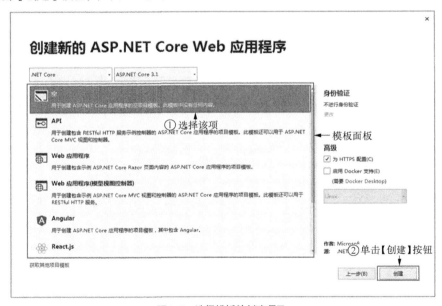

图1-5　选择模板并创建项目

4．添加新建项

单击图 1-5 中的【创建】按钮后，进入 Visual Studio 开发工具的主界面，在"解决方案资源管理器"面板中可以找到解决方案"Chapter01"，在该解决方案下即为创建的"HelloWorld"项目，如图 1-6 所示。

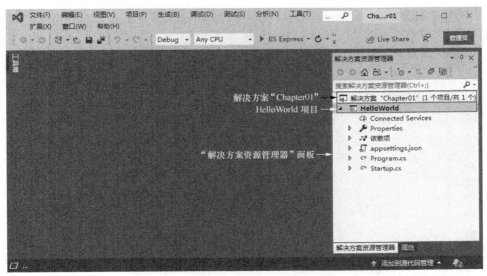

图1-6　Visual Studio主界面

解决方案与项目的关系如同文件夹与文件的关系，一个解决方案下可以包含多个项目。

需要注意的是，在 Visual Studio 中如果"解决方案资源管理器"或"属性"等面板被关闭，可以通过单击 Visual Studio 菜单栏中的【窗口】→【重置窗口布局】或者单击菜单栏中的【视图】并选择需要显示的面板来打开相应的面板。

5. 打开程序入口文件

创建项目成功后，程序的入口类文件为 Program.cs，双击打开该文件，如图 1-7 所示。

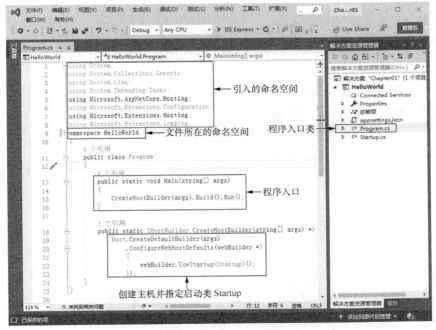

图1-7　Program.cs文件

图 1-7 中的 using 关键字用于引用命名空间，namespace 关键字用于定义命名空间，所有代码必须写在定义命名空间的{}内。

6. 打开程序启动文件

程序的启动类文件为 Startup.cs，双击打开该文件，如图 1-8 所示。

图1-8   Startup.cs文件

7. 打开程序配置文件

程序的配置文件为 launchSettings.json，双击打开该文件如图 1-9 所示。

图1-9   launchSettings.json文件

8. 运行程序

单击图 1-9 中的①或②，或者使用键盘上的【F5】快捷键运行程序，程序的运行结果如图 1-10 所示。

图1-10　运行结果

至此便完成了 HelloWorld 程序的编写。初学者在此只需有个大致印象即可，后面将会继续讲解如何编写 ASP.NET Core 应用程序。

【拓展学习】

1. HTTP 协议

浏览器与 Web 服务器之间的数据交互需要遵守一些规范，HTTP（Hypertext Transfer Protocol）协议就是其中的一种规范，称为超文本传输协议。HTTP 协议是由 W3C 组织推出的，它专门用于定义浏览器与 Web 服务器之间交换数据的格式。为了熟悉 HTTP 协议的用途，下面通过一个图例来描述浏览器与 Web 服务器之间使用 HTTP 协议实现通信的过程，如图 1-11 所示。

图 1-11 描述了浏览器与 Web 服务器之间的整个通信过程，浏览器首先会与 Web 服务器建立 TCP 连接，然后浏览器向 Web 服务器发出 HTTP 请求，Web 服务器收到 HTTP 请求后会做出处理，并将处理结果作为 HTTP 响应发送给浏览器，浏览器收到 HTTP 响应后，浏览器与服务器之间的 TCP 连接会关闭，整个交互过程结束。

2. 页面运行原理

在使用 ASP.NET 开发应用程序时，不仅要了解其语法特点和使用方法，而且需要了解 ASP.NET 应用程序的运行机制。下面通过一张图来描述 ASP.NET 应用程序的请求和响应过程，如图 1-12 所示。

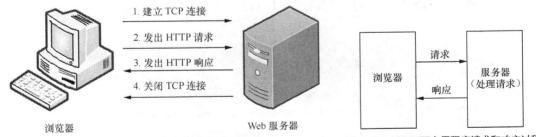

图1-11　浏览器与Web服务器交互过程　　　　图1-12　ASP.NET应用程序请求和响应过程

从图 1-12 中可以看出，ASP.NET 应用程序的执行分为 3 个步骤，即用户发送请求、服务器处理请求、响应请求。当用户在客户端浏览器发送请求（如用户注册、留言等）后，服务器接收请求并会做出处理，处理完相关数据后，再将处理的响应结果返回到客户端浏览器。初学者不用懂得服务器内部如何处理数据，这里只做简单了解即可。

3. 使用浏览器访问计算机上的文本、图片和音频

使用浏览器访问网页的本质就是通过网络访问服务器上的文件，此时可以通过浏览器访问自己计算机上的文件进行模拟。在计算机的 D 盘中创建一个 test.txt 文件，在该文件中写入文字"传智播客"，然后打开浏览器，在地址栏中输入"D://test.txt"并按【Enter】键，就可以看到文字内容。图片、视频、音频都可以这样进行访问，但是视频和音频需要浏览器安装相应的插件才可以进行访问。

1.2　安装与配置 IIS

IIS 是由微软提供的一个服务器软件，它内置在 Windows 操作系统中，该服务器软件用于提供 Web 发布功能，在本书中提到的服务器就是指 IIS。

【知识讲解】

1. 服务器的概念

IIS 可以理解为一个发布网站的软件，但是这个软件有点特殊，它就像 IE 浏览器一样被集成在 Windows 系统中。在实际环境中，服务器由硬件主机、操作系统、服务器发布软件组成，而发布网站通常都需要使用到数据库，所以常见服务器结构如下：

（1）主机+Windows Server+IIS+SQLServer。

（2）主机+Linux+Apache+MySQL。

2. 网站发布流程

一般开发完网站后，除了发布到本地的服务器 IIS 上进行测试外，为了保证该网站能够长期稳定地被用户访问，还需要将网站发布到外网服务器上。通常很多服务器提供商已经帮用户搭建好了环境，用户只需要购买一个域名（网站的网址）和一个空间（存放网站文件的地方），购买完成后会获取到一个账号和密码。根据获取的账号和密码到相关网址进行登录，然后进行网站文件的上传、配置和发布等操作，这些操作完成后，用户就可以在互联网上访问到该网站。

【动手实践】

在使用 ASP.NET 开发完一个 Web 项目后，都会将这个项目发布到 IIS 运行，然后查看运行效果，但是在发布项目之前需要进行 IIS 的安装和配置，IIS 已经内置在 Windows 7 系统中，不需要下载，只需安装即可使用，大家一起动手练练吧！

1. IIS 的安装

单击计算机桌面左下角的【开始】→【控制面板】→【程序和功能】，进入"程序和功能"窗口，如图 1-13 所示。

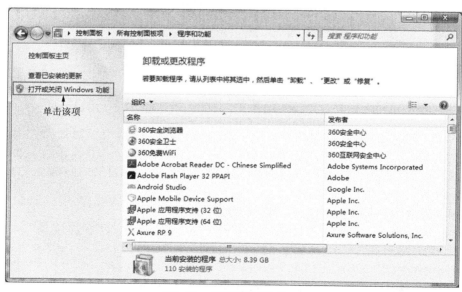

图1-13　"程序和功能"窗口

单击图 1–13 中的【打开或关闭 Windows 功能】选项，弹出 "Windows 功能" 窗口，如图 1–14 所示。在窗口中展开【Internet 信息服务】选项，选中【FTP 服务器】、【Web 管理工具】、【万维网服务】这 3 个选项下的所有子选项，最后单击【确定】按钮。

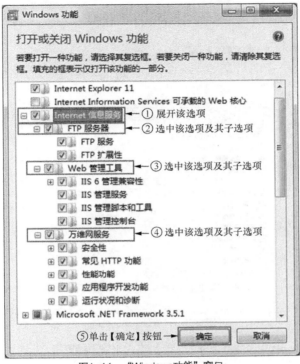

图1–14　"Windows功能" 窗口

单击图 1–14 中的【确定】按钮后等待安装，安装成功后打开 Google Chrome 浏览器，在地址栏中输入 "http://localhost/" 并按下【Enter】键。如果浏览器页面中显示 IIS7 欢迎界面（如图 1–15 所示），则说明 IIS 安装成功。

图1–15　IIS安装成功

图 1-15 中的 localhost 是指"本地主机"，用于测试网络回路接口，对应的 IP 地址为"127.0.0.1"。

2. IIS 的配置

在 C 盘的根目录下创建一个名为"Itheima"的文件夹，然后单击【开始】→【控制面板】→【管理工具】，弹出"管理工具"窗口，如图 1-16 所示。

图 1-16 "管理工具"窗口

双击图 1-16 中的【Internet 信息服务(IIS)管理器】，进入该管理器窗口，依次展开根节点和【网站】节点，如图 1-17 所示。

图 1-17 "Internet信息服务(IIS)管理器"窗口

将【网站】节点展开后，选中【Default Web Site】节点并右键单击，在弹出框中单击【添加虚拟目录...】，如图 1–18 所示。

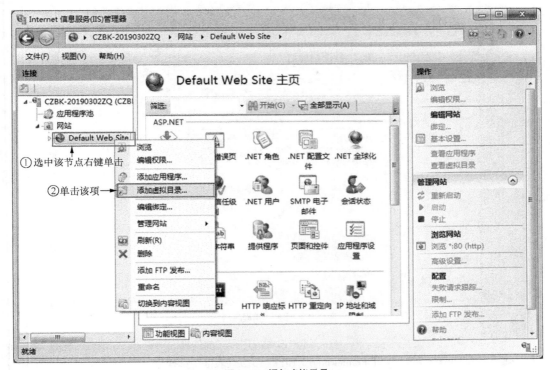

图1–18　添加虚拟目录

单击图 1–18 中的【添加虚拟目录...】选项后，会弹出图 1–19 所示的"添加虚拟目录"对话框，在"别名(A)"输入框中输入"Itheima"，物理路径选择前面创建的"Itheima"文件夹的路径，并单击【确定】按钮。

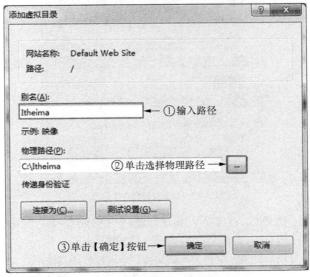

图1–19　"添加虚拟目录"对话框

单击图 1–19 中的【确定】按钮后，在"Internet 信息服务(IIS)管理器"窗口的目录树中选中【应用程序池】，然后右键单击并选择【添加应用程序池...】选项，如图 1–20 所示。

图1-20　添加应用程序池

单击图 1-20 中的【添加应用程序池…】后，弹出设置应用程序池信息的对话框，在该对话框的"名称(N)"输入框中输入"Itheima"，在".NET Framework 版本(F)"下拉列表框中选择【.NET Framework v4.0.30319】，在"托管管道模式(M)"下拉列表框中选择【集成】，最后单击【确定】按钮，如图 1-21 所示。

图1-21　设置应用程序池信息

单击图 1-21 中的【确定】按钮后，就完成了 IIS 的配置。为了验证 IIS 是否配置成功，复制目录 C:\inetpub\wwwroot 下的 iisstart.htm 文件和 welcome.png 文件，如图 1-22 所示。

需要注意的是，图 1-22 所示的复制文件为测试文件，也可以使用其他网页文件作为测试文件。

将图 1-22 所示的复制文件粘贴到前面创建的"Itheima"文件夹中，路径为"C:\Itheima"，如图 1-23 所示。

回到"Internet 信息服务(IIS)管理器"窗口，展开【Default Web Site】节点并双击该节点下的【Itheima】节点，在窗口右侧的"管理虚拟目录"面板中单击【浏览*:80(http)】，如图 1-24 所示。

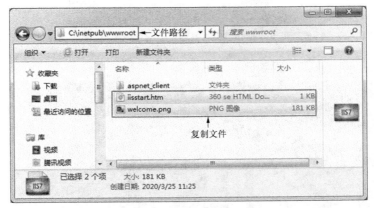

图1-22　复制文件

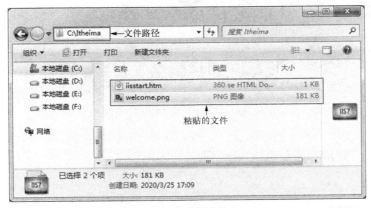

图1-23　粘贴文件

图1-24　单击浏览

单击后即运行当前网站，运行成功的页面效果如图 1-25 所示。

图1-25　运行成功的页面

从图 1-25 中可以看出，IIS 已经配置成功了，图 1-25 中的网址"http://localhost/Itheima/"即为上述过程配置的 Itheima 目录，而当前网页为默认的启动页面。

【拓展学习】

1. IIS 发布基本流程

在 Web 项目实际发布过程中，还可能需要配置一些其他的东西，例如设置网站默认文档类型、域名、端口等，这些参数的设置都是在"Internet 信息服务(IIS)管理器"窗口中进行的，下面给出通过 IIS 发布 Web 项目和配置参数的操作流程。

（1）将当前 Web 项目目录添加到虚拟目录中。

（2）将当前项目目录添加到应用程序池并配置好参数。

（3）启动页面进行浏览。

2. 网站发布的其他知识

网站默认文档是指网站启动的页面，通常指网站首页。域名通常是指网站网址，通俗地说，域名就相当于一个房间的门牌号码，别人通过这个号码可以很容易地找到对应的房间。

1.3　网页入门

人们平常浏览的网页很多都是使用 ASP.NET 开发的，当一个网站的网页内容非常多，或者数据内容需要更新时，就需要使用 ASP.NET 这样的 Web 开发技术来实现，但是其本质还是以网页的方式展示给用户，所以学好网页的基础知识很重要。

【知识讲解】

1. HTML 简介

HTML 是一种基本网页格式，只要遵守这种格式来编写代码，就可以被浏览器正常解析并显示。HTML

包含了许多功能标签，这些标签用于帮助程序员完成网页的编写，下面演示几个常用的 HTML 标签的写法。

（1）标题标签：<h1>、<h2>、<h3>、<h4>。

（2）输入框标签：<input type="text" name="name" />。

（3）表格标签：<table>、<tr>、<td>。

2. CSS 简介

CSS 可以用来改变页面的显示颜色、位置和布局等效果，如果把网页当作一张白纸，HTML 就类似于画素描，而 CSS 就类似于填充颜色。CSS 常用于控制 HTML 标签的颜色、间距、位置、字体等效果，CSS 示例代码如下：

```css
body {
    background-color: #218b57;  //背景颜色
    text-align: center;        //文字对齐方式
    font-weight: bold;         // 文字加粗
}
```

3. JavaScript 简介

JavaScript 是一种可以与网页进行简单交互的脚本语言，一般浏览器与服务器进行交互都需要通过浏览器发送请求到服务器来进行处理，并将处理后的结果返回给客户端浏览器。但是当访问量太大时就会给服务器造成压力，所以为了减轻服务器的压力，某些简单的功能就可以在客户端通过 JavaScript 来进行处理，例如登录前验证用户是否输入用户名和密码或注册时验证输入的年龄是否符合要求并弹出提示框等。下面通过一段 JavaScript 代码演示弹出一个对话框的功能，具体示例代码如下：

```javascript
<script type= "text/javascript">
    function Login onclick() {
        alert("登录成功");
    }
</script>
```

【动手实践】

开发 Web 项目包括两个部分，其中一部分是后台开发，即编写程序的逻辑和数据处理的代码；另一部分是前台开发，即编写网页的页面效果。这里所学习的开发 ASP.NET 项目使用的后台开发语言为 C#，而前台开发使用的是 HTML、CSS 和 JavaScript。下面通过 HTML、CSS 和 JavaScript 来模拟一个登录功能，大家一起动手练练吧！

1. 创建 HTML 代码

在计算机上新建一个名为"HelloWorld"的文本文档，在该文档中添加网页的标题为"网页入门"，网页的内容为"传智播客教学系统"，添加的具体内容如图 1–26 所示。

图1-26　HTML结构

图 1–26 中描述的是 HTML 的基本结构，只有写成这种格式才能被浏览器正确显示出来，其中标签<h1>表示一级标题。

将 HelloWorld.txt 文件的扩展名修改为 html，修改后的文件名称为"HelloWorld.html"，双击该文件，会在浏览器中显示 HelloWorld 文件的网页效果，如图 1–27 所示。

图1–27　HelloWorld文件的网页效果

2. 添加 CSS 样式

　　HTML 代码是将内容在网页上展现出来，但是将大量的文字和图片等内容放在一起不利于用户浏览。为了解决这一问题，可以将页面中的内容使用 CSS 来设置样式和布局，这样就可以改变页面的展示效果。使用 CSS 设置样式和布局的具体代码如下：

```
1    <html>
2    <head>
3        <title>网页入门</title>
4        <style>
5            body {
6                background-color: #666dd5;
7                text-align: center;
8                font-weight: bold
9            }
10       </style>
11   </head>
12   <body>
13       <h1>传智播客教学系统</h1>
14       <center>
15           <table>
16               <tr>
17                   <td>用户名：</td>
18                   <td><input type="text" name="text1" /></td>
19               </tr>
20               <tr>
21                   <td>密码：</td>
22                   <td><input type="password" name="password1" /></td>
23               </tr>
24               <tr>
25                <td></td>
26                   <td>
27                      <input type="button" name="button1" value="登录" />
28                      <input type="button" name="button2" value="取消" />
29                   </td>
30               </tr>
31           </table>
32       </center>
33   </body>
34   </html>
```

　　上述代码中，第 4～10 行代码中的<style>标签内编写了 CSS 代码，其中 body{}表示对页面中的<body>标签设置样式，"background–color"表示设置页面的背景色，"text–align: center"表示内容居中，"font–weight: bold"表示字体加粗。

　　该页面中还包含了大量的 HTML 标签，如表格布局标签<table>，【登录】和【取消】按钮标签<input>，打开该页面，运行效果如图 1–28 所示。

图1-28　运行效果图

3. 添加 JavaScript 脚本

在使用 CSS 为页面设置样式后，登录页面变得更美观了。下面使用 JavaScript 来实现与页面的简单交互功能，具体代码如下：

```html
1   <html>
2   <head>
3       <title>网页入门</title>
4       <style type="text/css">
5           body {
6               background-color: #218b57;
7               text-align: center;
8               font-weight: bold"
9           }
10      </style>
11      <script>
12          function Login_onclick() {
13              alert("登录成功");
14          }
15      </script>
16  </head>
17  <body>
18      ......
19      <table>
20          ......
21          <tr>
22              <td></td>
23              <td>
24                  <input type="button" name="button1" value="登录"
25                                      onclick="Login_onclick()" />
26                  <input type="button" name="button2" value="取消" />
27              </td>
28          </tr>
29      </table>
30      ......
31  </body>
32  </html>
```

上述代码实现了一个登录成功后弹出提示框的效果。第 11~15 行代码添加了一对<script>标签，在该标签中使用 function 关键字定义了一个 Login_onclick()方法，在该方法中调用 alert()方法弹出提示框。

第 24~25 行代码设置【登录】按钮的属性 onclick 的值为 "Login_onclick()"，此时【登录】按钮上已经添加了单击事件需要调用的方法，单击【登录】按钮，程序会调用 Login_onclick()方法弹出一个登录成功的对话框。

运行 HelloWorld.html 文件，在运行成功的页面上输入 "itheima" 与 "123456"，输入信息后的页面如图 1-29 所示。

图1-29   输入信息后的页面

单击图 1-29 中的【登录】按钮后，会弹出一个登录成功的对话框，登录成功后的页面如图 1-30 所示。

图1-30   登录成功后的页面

需要注意的是，【登录】按钮的 onclick 属性表示单击按钮执行某一操作，该属性的值表示单击按钮时调用 JavaScript 代码中函数名与属性值一致的函数。

【拓展学习】

1. HTML 常用标签

<input>标签是在实际开发中频繁使用的 HTML 标签，通过修改标签中的 type 属性的值可以指定显示类型。例如，text 表示文本框，button 表示按钮，password 表示密码框，具体示例代码如下：

```
<input type="text" name="name2"/>
<input type="password" name="name3"/>
<input type="button" name="name1"/>
<table>
    <tr>
        <td>第一行第一列</td>
        <td>第一行第二列</td>
    </tr>
</table>
```

2. 常见的 CSS 样式

常见的 CSS 样式有 3 种，分别是内联样式、内嵌样式和链入样式，具体如下。

（1）内联样式

内联样式是指将 CSS 样式写入 HTML 标签内部，该种写法只能控制当前标签的样式效果，具体示例代码如下：

```
<h1 style="font-size:20px; color:red;">内联样式写法</h1>
```

（2）内嵌样式

内嵌样式是指将 CSS 样式单独放入<head>标签中，通过使用<style>标签来标识样式效果，具体示例代码如下：

```
<style type="text/css">
    body {
        background-color: red;
```

```
        }
</style>
```

（3）链入样式

链入样式是指将 CSS 样式单独放到一个文件中，然后在页面代码中引用该文件，这样就可以将 HTML 代码与 CSS 代码分离，使页面变得简洁、代码编写变得灵活，具体示例代码如下：

```
<head>
        <link href="css 文件路径" type="text/css" rel="stylesheet" />
</head>
```

添加 CSS 样式文件引用的方式是，直接在项目中找到需要引用的 CSS 文件，并将该文件拖拽到需要添加样式引用的页面。

3. JavaScript 的使用

（1）通过 JavaScript 向页面写入 HTML 标签

```
document.write("<h1>This is a heading</h1>");
```

上述代码需要写在<head>标签中的<script>标签中，用于将中间的 HTML 字符串写入到页面中并显示标题效果。

（2）通过 JavaScript 对事件做出反应

```
<input type="button" value="单击这里" onclick="alert('Welcome!')"/>
```

上述代码中，onclick 属性需要写在页面处理事件的标签中，执行相关的函数来实现各种效果，例如 alert() 方法用于在页面弹出一个提示框。

（3）通过 JavaScript 改变 HTML 的内容

```
x = document.getElementById("demo");    //查找元素
x.innerHTML = "Hello JavaScript";       //改变内容
```

上述代码中实现了通过 JavaScript 代码向页面中写入一行文本的功能。其中 document 表示文档对象，代码通过 getElementById()方法来获取 HTML 标签的 DOM 元素，并使用 innerHTML 属性将文本设置到该标签上。

1.4　本章小结

本章以 HelloWorld 项目的创建与登录页面代码的编写为线索，讲解了一系列开发 ASP.NET Core 项目需要掌握的基础知识。其中重点讲解了 ASP.NET Core 项目的创建、IIS 服务器的安装与配置和网页入门的相关知识，希望读者可以认真学习本章的内容，为后续学习其他知识做铺垫。

1.5　本章习题

一、填空题

1. 网址 http://www.itcast.cn/index.html 的默认端口为_____。

2. 一个 URL 包含了 Web 服务器的主机名、端口号、资源名和所使用的_____。

3. B/S 架构是指_____和_____的交互。

4. <table></table>标签用于标记_____。

二、判断题

1. HTTP 协议是指浏览器与 Web 服务器之间进行数据交互需要遵守一些规范。（　）

2. 在 Visual Studio 中创建一个解决方案，该解决方案下可以添加多个项目。（　）

3. 在浏览器中访问 localhost 地址，其对应的 IP 地址是 127.0.0.1。（　）

4. IIS 服务器只能在 Windows 系统上使用，使用时需要额外安装。（   ）

5. 在 JavaScript 脚本语言中，alert()函数用于弹出一个对话框。（   ）

三、选择题

1. 下列选项中，不属于 Web 服务器的是（   ）。

A. IIS   B. Apache   C. Tomcat   D. Linux

2. 下列选项中，表示一个密码输入框的是（   ）。

A. <input type="button" name="name" />

B. <input type="text" name="name" />

C. <input type="password" name="name" />

D. <input type="submit" value="Submit" />

3. 下列选项中，对 CSS 的使用描述错误的是（   ）。

A. 使用 CSS 样式可以设置网页的背景色

B. 使用 CSS 样式可以设置输入框的位置

C. 使用 CSS 可以创建一个按钮

D. 使用 CSS 样式可以设置网页中文字的字体

4. 下列选项中关于解决方案和项目，描述正确的是（   ）。

A. 一个解决方案中只能包含一个项目

B. 一个项目中只能包含一个解决方案

C. 一个解决方案中可以包含多个项目

D. 解决方案和项目是并列的关系

5. 下列选项中关于 B/S 与 C/S 两种架构，说法正确的是（   ）。

A. B/S 架构是客户端/服务器端的交互模式

B. C/S 架构是浏览器/服务器端的交互模式

C. B/S 架构要求用户的计算机上安装有浏览器

D. C/S 架构要求用户的计算机上安装有浏览器

四、简答题

1. 浏览器和 Web 服务器是如何建立连接的？

2. 如何将自己开发的网站上传到服务器上？

3. 如何使用 CSS 样式设置页面的背景图片？

第 **2** 章

使用MVC模式搭建架构：
使代码结构更清晰

在实际开发中，经常会遇到项目需求中途发生变化或者项目完成后需要添加某些功能等情况。如果设计时没有考虑到项目的扩展性和可维护性等，就会直接导致项目失败或者难以维护。本章学习的 MVC 模式具有良好的扩展性和可维护性，可以很好地保证项目后期功能的扩展。本章学习目标如下。

★ 能够理解 MVC 模式的开发思想。

★ 能够认识 MVC 模式。

★ 能够创建 MVC 项目。

● ● ● ●
情景导入

陈烨是一家上市公司的项目经理，该公司今年的发展规划指出，公司今年计划涉足电子商务行业，根据公司的业务内容建立线上电子产品销售平台。收到公司的年度规划方案后，陈经理便开始着手准备，在对目前市场上淘宝、京东等主流电子商务网站进行分析后发现，这些项目都采用 MVC 模式的开发思想。MVC 模式中 3 个组件（模型、控制器、视图）之间的关系如图 2-1 所示。

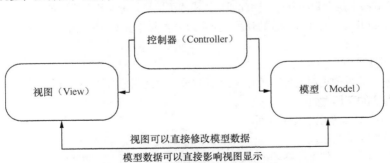

图2–1　MVC模式中3个组件之间的关系

图 2-1 描述了 MVC 模式中 3 个组件之间的关系，一个项目中使用到的所有数据用模型表示，所有页面

效果用视图显示，所有的业务逻辑功能使用控制器实现。MVC 模式的组件之间的耦合性很小，视图和控制器都可以直接请求模型，但是模型不依赖视图和控制器，控制器可以直接请求视图来显示具体页面，但是视图不依赖控制器。

2.1　认识 MVC 模式

在日常生活中，可以通过操作微波炉的温度旋钮和时间旋钮来让微波炉工作，这一过程可以模拟成 MVC 模式，其中两个旋钮就是"View"，其内部的微波产生器则是"Model"，而将用户通过旋钮输入的信息转换成对微波产生器的操作可以看成"Controller"。微波炉的每一个组件都是独立的，如果微波炉外部更换一个新的外壳，或者内部更换更大功率的微波产生器，完全可以在不更改其他组件的情况下实现，这就是 MVC 模式。本节将针对 MVC 模式进行详细讲解。

【知识讲解】

1. MVC 模式简介

MVC 是一种流行的 Web 应用程序的开发设计模式，它被命名为模型–视图–控制器（Model–View–Controller）。MVC 模式实现了显示模块与功能模块的分离，提高了程序的可维护性、可移植性、可扩展性和可重用性，降低了程序的开发难度。

MVC 模式强大且简洁，尤其适合应用在 Web 应用程序中，它将 Web 应用程序大致分割为 3 个组件（三层），分别是模型（Model）、视图（View）和控制器（Controller），这 3 个组件的主要功能如下。

● 模型（简写为 M）：模型是存储或处理数据的组件，主要用于业务逻辑层对实体类对应的数据库进行操作。

● 视图（简写为 V）：视图是用户接口层组件，主要用于用户界面的呈现，包括输入与输出。

● 控制器（简写为 C）：控制器是处理用户交互的组件，主要负责转发请求、对请求进行处理，将数据从模型中获取并传给指定的视图。

2. MVC 模式的优点

MVC 模式的优势有以下三点。

（1）各司其职，互不干涉

在 MVC 模式中，模型层、视图层和控制器层这 3 层各司其职，互不干涉。如果哪一层的需求发生了变化，只需要更改相应层中的代码即可，不会影响其他层的代码。

（2）有利于分工

由于 MVC 模式按三层把程序分开，因此通过该模式可以更好地实现开发中的分工。例如，网页设计人员可以对视图层进行开发，对业务熟悉的开发人员可以开发业务层（即模型层），其他开发人员可开发控制器层。

（3）有利于组件重用

分层后更有利于组件的重用，例如控制器层可独立成一个能用的组件，视图层也可用作通用的操作界面。

3. MVC 模式的不足之处

MVC 模式的不足体现在以下几个方面。

（1）增加程序结构的复杂性

对于比较简单的界面，如果严格遵守 MVC 模式，使模型、视图、控制器相互分离，会增加程序结构的复杂性，并可能产生过多的更新操作，降低程序的运行效率。

（2）视图与控制器的连接过于紧密

视图与控制器虽然是相互分离的，但是它们之间的联系是比较紧密的，如果没有控制器的存在，视图的应用是很有限的，反之亦然，这样就妨碍了它们的独立重用。

（3）视图对模型数据的访问效率低

根据模型操作接口的不同，视图可能需要多次调用才能获得足够的显示数据，对未变化数据进行频繁的不必要的访问，也将损害程序的操作性能。

（4）高级界面工具或构造器不支持 MVC 模式

目前一些高级的界面工具或构造器不支持 MVC 模式，改造这些工具以适应 MVC 模式的代价比较高，从而造成 MVC 模式的使用较困难。

【拓展学习】

1. MVC 模式的重要规则

MVC 模式有以下几条重要规则。

（1）虽然控制器的名字是以"Controller"结束的，但是在 URL 中不需要写出"Controller"字符串。

（2）所有控制器默认都存放在名为"Controllers"的文件夹中，所有视图都存放在名为"Views"的文件夹中。

（3）每个控制器都有一个与其同名的视图文件夹，每个视图文件与对应的控制器中的 Action 方法同名。

2. 什么是 ASP.NET Core MVC

ASP.NET Core MVC 是使用"模型–视图–控制器"设计模式构建 Web 应用和 API 的丰富框架，该框架是轻量级、开源、高度可测试的演示框架，并对 ASP.NET Core 进行了优化。ASP.NET Core MVC 提供一种基于模式的方式，用于生成可彻底分开管理事务的动态网站。

2.2　创建 MVC 项目

2.1 节中我们认识了 MVC 模式，了解到 MVC 模式中有 3 个重要组件，分别是模型、视图和控制器，通过这 3 个组件可以创建 MVC 模式的项目。下面将对如何创建 MVC 模式的项目进行详细讲解。

【知识讲解】

在创建 MVC 项目之前，首先需要了解一下 MVC 模式的请求响应过程与路由（Routing），具体介绍如下。

1. MVC 模式的请求响应过程

MVC 模式的请求响应过程如图 2-2 所示。

图 2-2 中① ～ ⑧的具体介绍如下。

① 表示当用户在浏览器地址栏中输入要访问的网址后，相当于发送了一个请求（Request），该请求会被传递给路由，路由会对请求的 URL 进行解析，解析后找到对应的控制器。

② 表示在控制器中接收到网页发送的请求后，如果需要请求数据，则需要从模型中取出数据。

③ 表示将模型中的数据传递给控制器。

④ 表示将控制器中获取的数据交给视图，由视图负责展示数据。如果不需要请求数据，则可以直接通过控制器返回一个视图。

⑤ 表示当用户操作视图时，会调用控制器中对应的方法进行操作。

⑥ 表示如果修改模型中的数据，会直接影响视图的显示。

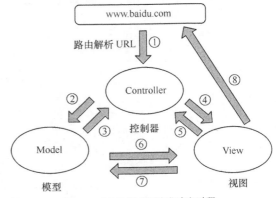

图2-2　MVC模式的请求响应过程

⑦ 表示视图可以直接修改模型中的数据。

⑧ 表示将视图显示到浏览器上供用户查看。

2. 路由介绍

路由是指用于识别 URL 的规则，当客户端发送请求时根据该规则来识别请求的数据，将请求传递给对应的控制器中的 Action 方法，在该方法中执行相应的操作。下面以在 ASP.NET Core Web 应用的 Startup.cs 文件中定义路由的识别规则为例进行讲解，具体代码如下：

```
1    app.UseEndpoints(endpoints =>
2    {
3        endpoints.MapControllerRoute(
4            name: "default",
5            pattern: "{controller=Home}/{action=Index}/{id?}");
6    });
```

上述代码中，第 3～5 行代码调用 MapControllerRoute()方法添加控制器的常规路由，在该方法中定义了路由规则。其中，属性 name 对应的值表示路由的名称并且该值必须唯一，default 表示路由的名字为默认路由；属性 pattern 对应的值表示路由的映射规则，映射规则为{controller}/{action}/{id?}，规则中的 controller 表示控制器，action 表示控制器中的方法，id 表示 action 中需要传递的参数。

第 5 行代码中的{controller=Home}表示访问的控制器的名称为 HomeController，{action=Index}表示访问 HomeController 中的方法 Index()，{id?}表示 Index()方法中需要传递的参数，该参数可以为空。

需要注意的是，当 Action 方法无法从请求地址中解析出来时，默认为 Index，控制器默认为 HomeController。

【动手实践】

下面将通过 MVC 模式实现用户登录功能，通过这个案例大家可了解如何创建一个 ASP.NET Core MVC 项目，下面一起动手练练吧。

1. 创建 ASP.NET Core MVC 项目

首先打开 Visual Studio 工具，会弹出一个 Visual Studio 2019 窗口，如图 2-3 所示。

图2-3　Visual Studio 2019窗口

然后单击该窗体中【创建新项目(N)】选项，会弹出"创建新项目"窗口，在该窗口中选择项目模板为【ASP.NET Core Web 应用程序】，接着单击【下一步(N)】按钮，如图 2-4 所示。

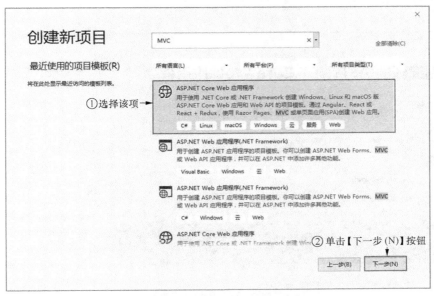

图2-4 创建ASP.NET Core MVC项目

单击图 2-4 中的【下一步(N)】按钮后，会弹出"配置新项目"窗口，在该窗口中设置项目名称为"Login"，项目位置为"D:\workspace\"，解决方案名称为"Chapter02"，如图 2-5 所示。

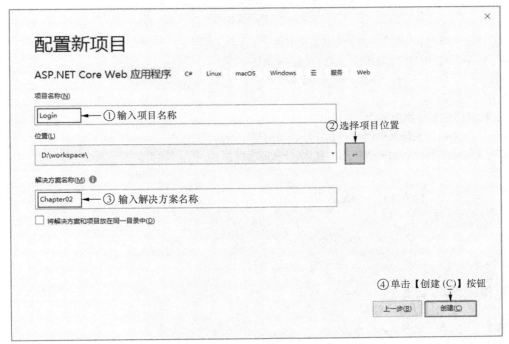

图2-5 配置项目信息

单击图 2-5 中的【创建(C)】按钮，弹出选择项目模板窗口，在该窗口中选择【Web 应用程序(模型视图控制器)】模板，如图 2-6 所示。

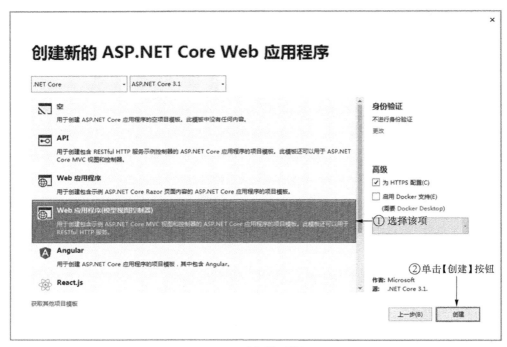

图2-6　选择项目模板

在图 2-6 中单击【创建】按钮，完成项目的创建。在创建
ASP.NET Core MVC 项目时，编辑器会自动创建好项目中的结
构文件夹，包括 Controllers、Models 和 Views 等文件夹，项目
文件结构如图 2-7 所示。

2. 添加用户实体数据模型

在项目的 Models 文件夹中创建一个名为 User 的类，该类
中存放登录需要的用户名和密码信息，具体代码如文件 2-1
所示。

【文件 2-1】　User.cs

```
1  namespace Login.Models{
2     public class User{
3        public string UserName { get; set; } //用户名
4        public string Password { get; set; } //密码
5     }
6  }
```

图2-7　MVC项目文件结构

3. 添加登录控制器

选中项目中的 Controllers 文件夹，右键单击选择【添加(D)】→
【控制器(T)...】选项，如图 2-8 所示。

单击图 2-8 中的【控制器(T)...】选项，弹出"添加已搭建基架的新项"对话框，在该对话框中选择【MVC
控制器-空】选项，如图 2-9 所示。

单击图 2-9 中的【添加】按钮，弹出"添加 空 MVC 控制器"对话框，在该对话框中输入控制器的名
称"LoginController"，如图 2-10 所示。

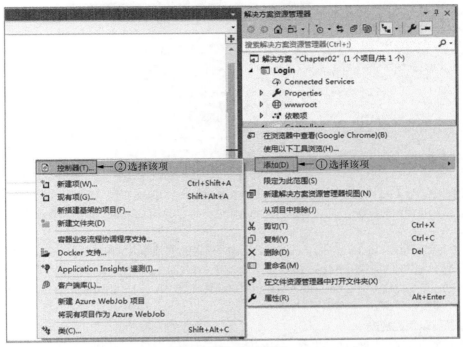

图2-8　添加登录控制器

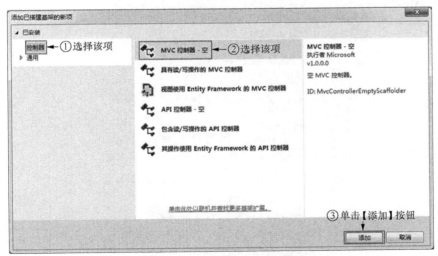

图2-9　"添加已搭建基架的新项"对话框

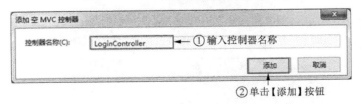

图2-10　"添加 空 MVC控制器"对话框

单击图 2-10 中的【添加】按钮，完成控制器 LoginController 的创建，LoginController 中的具体代码如文件 2-2 所示。

【文件 2-2】   LoginController.cs

```
1    using Microsoft.AspNetCore.Mvc;
2    namespace Login.Controllers{
3        public class LoginController : Controller{
4            public IActionResult Index(User user)
5            {
6                if (user.UserName!=null&&user.Password!=null)
7                {
8                    return Content("登录成功"); //提示登录成功
9                }
10               return View();
11           }
12       }
13   }
```

上述代码中，第 4~11 行代码中的 Index() 方法（Action 方法）用于处理浏览器的请求，该方法中的参数 user 表示输入到页面中的数据信息。Index() 方法的返回值类型为 IActionResult，该类型表示请求响应的结果类型。

第 6~9 行代码通过 user.UserName 与 user.Password 分别获取页面输入的用户名和密码，并进行判断，当用户名和密码不为空时，提示用户登录成功。由于此案例设计较简单，因此只要用户输入了用户名和密码就提示登录成功。第 8 行代码调用 Content() 方法提示用户登录成功。第 10 行代码中的 "return View();" 表示返回一个视图，此处表示返回一个登录页面的视图。

4. 添加登录页面视图

首先将鼠标指针放在 Index() 方法上或选中该方法，然后右键单击选择【添加视图(D)...】选项，弹出 "添加 MVC 视图" 对话框，如图 2-11 所示。

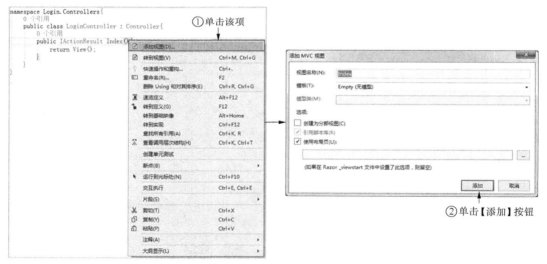

图2-11   添加视图

单击图 2-11 中的【添加】按钮后，会弹出一个正在搭建基架与生成项目的窗口，如图 2-12 所示。

图2-12   搭建基架与生成项目窗口

基架搭建完成后，在项目中的 Views 文件夹中会自动生成 Login 文件夹，同时在该文件夹中还会自动创建一个 Index.cshtml 文件，该文件就是登录页面对应的视图文件。

在 Index.cshtml 文件中添加登录页面的代码，具体代码如文件 2-3 所示。

【文件 2-3】　Index.cshtml

```
1   @model Login.Models.User;
2   @{
3       ViewData["Title"] = "Home Page";
4   }
5   @{
6       ViewData["Title"] = "Index";
7   }
8   @addTagHelper *, Microsoft.AspNetCore.Mvc.TagHelpers
9   <h2>登录</h2>
10  <form asp-action="Index" method="post" class="form-horizontal" role="form">
11      <div asp-validation-summary="All" class="text-danger"></div>
12      <div class="form-group">
13          <label asp-for="UserName" class="col-md-2 control-label">用户名
14          </label>
15          <div class="col-md-5">
16              <input asp-for="UserName" class="form-control" />
17              <span asp-validation-for="UserName" class="text-danger"></span>
18          </div>
19      </div>
20      <div class="form-group">
21          <label asp-for="Password" class="col-md-2 control-label">密码
22          </label>
23          <div class="col-md-5">
24              <input asp-for="Password" type="password" class="form-control" />
25              <span asp-validation-for="Password" class="text-danger"></span>
26          </div>
27      </div>
28        <div class="form-group">
29        <div class="col-md-offset-2 col-md-5">
30            <input type="submit" class="btn btn-primary" value="登录" />
31        </div>
32      </div>
33  </form>
```

5. 注册 MVC 模式的服务

由于项目中用到 MVC 模式，因此需要在项目的 Startup.cs 文件中注册 MVC 模式的服务，同时还需要修改默认启动的控制器为 LoginController，具体代码如下：

```
1   public class Startup
2   {
3       ......
4       public void ConfigureServices(IServiceCollection services)
5       {
6           services.AddControllersWithViews();
7           services.AddMvc();//注册 MVC 模式的服务
8       }
9       ......
10      public void Configure(IApplicationBuilder app, IWebHostEnvironment env)
11      {
12          ......
13          app.UseEndpoints(endpoints =>
14          {
15              endpoints.MapControllerRoute(
16                  name: "default",
17                  pattern: "{controller=Login}/{action=Index}/{id?}");
18          });
19      }
20  }
21      ......
22  }
```

上述代码中，第 7 行代码通过调用 AddMvc() 方法注册 MVC 模式的服务。

第 17 行代码中将 "controller" 修改为 "Login"，修改后项目会默认运行 LoginController 控制器中的方法。

6. 运行程序

运行程序，运行成功后在登录页面输入用户名和密码，如图 2-13 所示。

图2-13　登录页面

单击图 2-13 中的【登录】按钮，会提示登录成功，如图 2-14 所示。

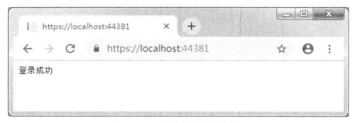

图2-14　登录成功提示信息

【拓展学习】

1. 控制器的相关知识

（1）控制器负责获取模型数据，并将数据传递给视图对象，通知视图对象显示数据。

（2）一个控制器可以包含多个 Action，每一个 Action 都是一个方法，方法的返回值是一个 ActionResult 的实例。

（3）一个控制器对应一个 XxController.cs 文件，并在 Views 文件夹中有一个与之对应的 Xx 文件夹。一般情况下一个 Action 对应一个 aspx 或 cshtml 页面。

2. Razor 引擎语法补充

（1）使用 Razor 作为视图引擎页面的扩展名为.cshtml。

（2）在 Razor 页面中引用命名空间时使用@using。

（3）在 Razor 页面的最上方通过@model 语法可以设定一组视图页面的强类型数据模型。

2.3　本章小结

本章主要内容包括 MVC 模式的简介、优缺点和 MVC 项目的创建，通过本章的学习，可以让读者了解 MVC 模式，为后续学习 MVC 模式中的重要组件做铺垫。

2.4　本章习题

一、填空题

1. MVC 模式具有良好的_____和_____，可以很好地保证项目的后期扩展功能。
2. MVC 是一种流行的 Web 应用程序的开发设计模式，它被命名为_____。
3. MVC 模式实现了_____与_____的分离，提高了程序的可维护性、可移植性、可扩展性和可重用性，降低了程序的开发难度。
4. MVC 模式将 Web 应用程序大致分割为 3 个组件，分别是_____、_____和_____。

二、判断题

1. MVC 是一种流行的 Web 应用程序的开发设计模式，它被命名为模型–视图–控制器。（　　）
2. 模型是存储或处理数据的组件，主要用于实现显示视图页面。（　　）
3. 视图是用户接口层组件，主要用于用户界面的呈现，包括输入与输出。（　　）
4. 每个控制器都有一个与其同名的视图文件夹，每个视图文件与对应的控制器中的 Action 方法不同名。（　　）
5. 当 Action 方法无法从请求地址中解析出来时，默认为 Index，控制器默认为 HomeController。（　　）

三、选择题

1. 下列选项中，不属于 MVC 模式中的 3 个组件的是（　　）。
A. 模型　　　　　　B. 视图　　　　　　C. 控制器　　　　　　D. 主页
2. 下列选项中，对 MVC 模式中 3 个组件的描述不正确的是（　　）。
A. 模型是存储或处理数据的组件，主要用于业务逻辑层对实体类对应的数据库进行操作
B. 视图是用户接口层组件，主要用于用户界面的呈现，包括输入与输出
C. 控制器是处理用户交互的组件，主要负责转发请求、对请求进行处理，从模型中获取数据并传给指定的视图
D. 视图是用户接口层组件，主要用于用户界面的呈现，只有输出
3. 下列选项中，关于控制器的描述正确的是（　　）。
A. 控制器负责获取模型数据，并将数据传递给视图对象，通知视图对象显示数据
B. 一个控制器只包含一个 Action，该 Action 是一个方法，方法的返回值是一个 ActionResult 的实例
C. 虽然控制器的名字是以 "Controller" 结束，但是在 URL 中还是需要写出 "Controller" 字符串
D. 每个控制器都有一个与其同名的视图文件夹，每个视图文件与对应的控制器中的 Action 方法不同名
4. 下列选项中关于 Razor 引擎语法描述正确的是（　　）。
A. 使用 Razor 作为视图引擎页面的扩展名为.html
B. 在 Razor 页面中引用命名空间时使用@asing
C. 在 Razor 页面的最上方通过@model 语法可以设定一组视图页面的强类型数据模型
D. 在 Razor 页面中引用命名空间时使用@vsing

5. 下列选项中不属于 MVC 模式优点的是（　　）。

A. 各个层各司其职，互不干涉

B. 有利于分工

C. 有利于组件重用

D. 增加程序结构的复杂性

四、简答题

1. 请简述 MVC 模式中 3 个组件的主要功能。

2. 如何通过 MVC 模式实现用户登录功能？

第 **3** 章

配置路由：解析请求地址

日常生活中，我们经常在浏览器中输入网址查看网页内容，那么输入的网址是如何被解析并获取页面信息的呢？在 ASP.NET Core 项目中，浏览器中的网址通过路由解析并处理用户请求。本章将对路由的配置、启用和自定义路由进行详细讲解，在学习的过程中我们需要掌握以下内容。

★ 能够注册路由中间件。
★ 能够配置与启用路由。
★ 能够自定义路由。

情景导入

小王是一名刚毕业的大学生，刚加入一家公司就被安排开发一个 ASP.NET Core MVC 项目。刚开始，小王一直很疑惑，为什么在浏览器的地址栏输入地址就可以访问到网页呢？经过一段时间的学习，他发现访问网页的关键在于路由，基于 MVC 模式的路由解析并处理请求的过程如图 3-1 所示。

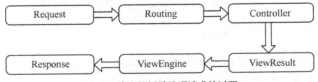

图3-1　路由解析并处理请求的过程

图 3-1 中，当用户在客户端界面发送一个 Request（请求）后，请求会被传递给 Routing（路由），该路由会对请求的 URL 进行解析，然后找到对应 Controller 中的 Action（方法）并执行该方法中的代码。Action 执行完毕后将 ViewResult（视图结果）返回给 ViewEngine（视图引擎）处理，最后生成响应报文（Response）返回给客户端浏览器。

需要注意的是，Action 是一个方法，该方法用于处理请求并返回响应的结果，该方法的返回值为 ActionResult 类型。

3.1 注册中间件

HTTP 的请求处理管道通过注册中间件来实现各种功能，HTTP 中间件提供了一个机制过滤进入应用程序的 HTTP 请求，例如，Laravel 默认包含了一个进行用户身份验证的中间件，如果用户没有通过身份验证，中间件会将用户导向登录页面，如果用户通过身份验证，中间件将会允许这个请求进一步继续前进。本节将对如何注册中间件进行详细讲解。

【知识讲解】

1. 什么是路由中间件

路由中间件是一种装配到应用管道用于处理请求和响应的组件，每个组件可以选择是否将请求传递到管道中的下一个组件。路由中间件可以在管道中的下一个组件前后执行对应的工作。通常会使用 RunMap()和 Use()扩展方法来配置请求委托，可以将一个单独的请求委托并行指定为匿名方法（称为并行中间件），或在可重用的类中对其进行定义，这些可重用的类和并行的匿名方法就是路由中间件，也称为中间件组件。

当发送 HTTP 请求时，请求委托就会生成一个请求管道，请求管道中的每个路由中间件会负责调用管道中的下一个组件，或使管道短路。造成管道短路的路由中间件被称为"终端中间件"，该中间件会阻止程序进行进一步的请求处理。

2. 注册中间件的 3 种方式

ASP.NET Core 项目中中间件的注册方式有 3 种，分别是通过 Run()方法注册中间件、通过 Use()方法注册中间件、通过 Map()方法注册中间件，这 3 种注册中间件的方式如图 3-2 所示。

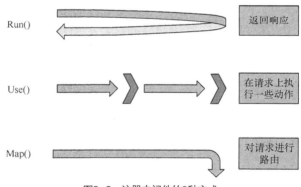

图3-2　注册中间件的3种方式

图 3-2 所示的注册中间件的 3 种方式的具体介绍如下。

（1）通过 Run()方法注册中间件

通过 Run()方法注册中间件时，该方法会直接返回一个响应，此时后续的中间件将不会被执行，通过 Run()方法注册中间件的具体代码如下：

```
1  public void Configure(IApplicationBuilder app, IWebHostEnvironment env){
2      app.Run(async context =>
3      {
4          await context.Response.WriteAsync("Hello World");
5      });
6  }
```

（2）通过 Use()方法注册中间件

通过 Use()方法注册中间件时，该方法会对请求做一些工作或处理，例如在请求上添加一些上下文数据。Use()方法也可以不对请求做任何处理，直接将请求交给下一个中间件。此方式注册中间件的具体代码如下：

```
1  public void Configure(IApplicationBuilder app, IWebHostEnvironment env){
2      app.Use(async (context, next) =>    //通过 Use()方法注册中间件
3      {
4          //此处添加 next 中间件之前的业务逻辑
5          await next.Invoke();
6          //此处添加 next 中间件之后的业务逻辑
7      });
8      app.Run(async context =>    //通过 Run()方法注册中间件
9      {
10         await context.Response.WriteAsync("Hello");
11     });
12 }
```

上述代码中，第 2～7 行代码、第 8～11 行代码分别通过 Use()方法与 Run()方法注册了 2 个中间件。通过这些代码可知，通过 Use()方法与 Run()方法注册中间件是比较类似的，但是 Use()方法中多添加了一个 next 参数，该参数可以调用请求管道中的下一个中间件。当前的中间件也可以忽略 next 参数调用的中间件，自己返回一个响应。

第 5 行代码通过 next 参数调用 Invoke()方法来执行下一个中间件，由于中间件的调用顺序是按照它们的注册顺序进行的，因此第 5 行代码执行后，程序会执行 Run()方法中注册的中间件。

（3）通过 Map()方法注册中间件

通过 Map()方法注册中间件时，该方法会将请求重新指定到其他中间件路径上，此方式注册中间件的具体代码如下：

```
1  public class Startup{
2      public void Configure(IApplicationBuilder app, IWebHostEnvironment env){
3          app.Map("/jump", Hello);  //注册中间件
4      }
5      private static void Hello(IApplicationBuilder app){
6          app.Run(async context =>  //注册中间件
7          {
8              await context.Response.WriteAsync("Hello");
9          });
10     }
11 }
```

上述代码中，第 3 行代码通过调用 Map()方法注册了一个中间件，该方法中的第 1 个参数 "/jump" 表示请求地址结尾需要匹配的信息，第 2 个参数 Hello 表示请求地址对应的需要处理的方法，也就是当请求地址以 "/jump" 结尾时，程序会调用 Hello()方法并返回一个响应。如果请求地址不以 "/jump" 结尾，则程序不会调用 Hello()方法。

第 5～10 行代码定义了一个 Hello()方法，该方法中注册了一个中间件并在网页返回一个 Hello 字符串。

上述 3 种注册中间件的方式中，最常用的是第 2 种方式，也就是通过 Use()方法注册中间件。

【动手实践】

在 Visual Studio 中创建一个解决方案名为 Chapter03，项目名为 Middleware 的 ASP.NET Core MVC 应用程序。下面在该程序中通过前面讲的 3 种方式来注册中间件，具体如下。

1. 通过 3 种方式注册不同的中间件

在 Startup.cs 文件的 Configure()方法中，以 3 种方式来注册不同的中间件，具体代码如文件 3-1 所示。

【文件 3-1】 Startup.cs

```
1  ......
2  public class Startup{
3      ......
4      public void Configure(IApplicationBuilder app, IWebHostEnvironment env)
5      {
6          Encoding.RegisterProvider(CodePagesEncodingProvider.Instance);
7          ......
8          app.UseHttpsRedirection();
```

```
9              app.UseStaticFiles();
10             app.UseRouting();
11             app.UseAuthorization();
12             //注册 EncodeProvider
13             Encoding.RegisterProvider(CodePagesEncodingProvider.Instance);
14             app.Use(async (context, next) => //通过 Use()方法注册一个中间件
15             {
16                 await next.Invoke(); //执行下一个中间件
17             });
18             app.Run(async context =>   //通过 Run()方法注册一个中间件
19             {
20                 await context.Response.WriteAsync("执行了通过 Run()方法注册的
21                                     中间件", Encoding.GetEncoding("GB2312"));
22             });
23             app.Map("/jump", Hello); //通过 Map()方法注册一个中间件
24             app.UseEndpoints(endpoints =>
25             {
26                 endpoints.MapControllerRoute(
27                     name: "default",
28                     pattern: "{controller=Home}/{action=Index}/{id?}");
29             });
30         }
31     private static void Hello(IApplicationBuilder app){
32         app.Run(async context =>
33         {
34             await context.Response.WriteAsync("通过 Map()方法跳转到 Hello()
35                 方法中，并执行 Hello()方法中注册的中间件。", Encoding.GetEncoding(
36                                             "GB2312"));
37         });
38     }
39 }
40 ......
```

上述代码中，第 14～17 行代码通过 Use()方法注册一个中间件，在该方法中调用了 Invoke()方法用于执行下一个中间件；第 18～22 行代码通过 Run()方法注册一个中间件，在该方法中通过 WriteAsync()方法输出信息"执行了通过 Run()方法注册的中间件"；第 23 行代码通过 Map()方法注册一个中间件，该方法中传递了 2 个参数，第 1 个参数 "/jump" 表示请求地址必须以 "/jump" 结尾，程序才能跳转到第 2 个参数指定的 Hello()方法中；第 31～38 行代码定义了一个 Hello()方法，在该方法中注册了一个中间件，并输出"通过 Map 方法跳转到 Hello()方法中，并执行 Hello()方法中注册的中间件。"

2. 运行程序

运行 Middleware 程序，运行结果如图 3-3 所示。

图3-3　运行结果1

出现图 3-3 所示的结果是因为程序在运行第 16 行代码时，会执行下一个中间件，也就是第 18～22 行代码通过 Run()方法注册的中间件，此时程序将不会执行后续的其他中间件，会直接返回 Run()方法中的响应信息。

如果注释掉第 18～22 行代码调用的 Run()方法，运行 Middleware 程序，将请求地址修改为以 "/jump" 结尾，此时运行程序，运行结果如图 3-4 所示。

图3-4　运行结果2

出现图 3-4 所示的结果是因为程序在运行到第 21 行代码后，会直接跳转到 Hello()方法中，并执行该方法中通过 Run()方法注册的中间件，返回一个响应信息。

【拓展学习】

1. 一些常见中间件

常见的中间件包括程序中处理异常或错误的中间件、HTTPS 重定向中间件、静态文件中间件、Cookie 策略中间件等，这些中间件的具体介绍如表 3-1 所示。

表 3-1　常见的中间件

中间件名称	描述
UseDeveloperExceptionPage	异常页中间件，当应用在开发环境中运行时，该中间件报告应用运行时错误
UseHsts	HTTP 严格传输安全协议（HSTS）中间件
UseExceptionHandler	异常处理中间件，当应用在生产环境中运行时，捕获 UseHsts 中间件引发的异常
UseHttpsRedirection	HTTPS 重定向中间件，将 HTTP 请求重定向到 HTTPS
UseStaticFiles	静态文件中间件，返回静态文件并简化进一步请求处理
UseCookiePolicy	Cookie 策略中间件，使应用符合欧盟一般数据保护条例（GDPR）规定
UseRouting	路由中间件，用于路由的请求
UseAuthentication	身份验证中间件，尝试对用户进行身份验证，验证通过才允许用户访问安全资源
UseAuthorization	授权中间件，用于授权用户访问安全资源
UseSession	会话中间件，建立和维护会话状态。该中间件需要在 Cookie 策略中间件之后和 MVC 中间件之前调用
UseEndpoints	终结点路由中间件，用于将 Razor Pages 终结点添加到请求管道，该中间件是带有 MapRazorPages 的 UseEndpoints

2. 常见中间件的注册顺序

在 ASP.NET Core MVC 项目中，Startup.cs 文件的 Configure()方法中的中间件的注册顺序指定了请求时调用这些中间件的顺序和请求后响应的相反顺序，中间件的注册顺序对于项目的功能和安全性至关重要。

下面在 Configure()方法中按照一定的顺序注册一些常见的中间件，具体代码如下：

```
1   public void Configure(IApplicationBuilder app, IWebHostEnvironment env){
2       ......
3       app.UseHttpsRedirection();          //注册 HTTPS 重定向中间件
4       app.UseStaticFiles();               //注册静态文件中间件
5       app.UseCookiePolicy();              //注册 Cookie 策略中间件
6       app.UseRouting();                   //注册路由中间件
7       app.UseAuthentication();            //注册身份验证中间件
8       app.UseAuthorization();             //注册授权中间件
9       app.UseSession();                   //注册会话中间件
10      app.UseEndpoints(endpoints =>{      //注册终结点路由中间件
11          endpoints.MapRazorPages();
12          endpoints.MapControllerRoute(
```

```
13              name: "default",
14              pattern: "{controller=Home}/{action=Index}/{id?}");
15      });
16  }
```

上述代码中注册了一些常见的中间件，并不是所有的中间件都需要按照此顺序运行，但是多数的中间件必须遵循这个顺序，例如中间件 UseAuthentication 和 UseAuthorization 必须按照上述顺序运行。

3.2　配置路由

MVC 项目中的路由主要用于解析 URL，将用户输入的 URL 中的控制器名称和 Action 名称解析出来，寻找相应的页面显示给用户。如果想要使用自己定义好的路由，则需要对其进行配置，本节将对路由的配置进行详细讲解。

【知识讲解】

1. 路由简介

ASP.NET Core MVC 路由的作用就是将应用接收到的请求转发到对应的控制器中去处理。应用启动时会将路由中间件（RouterMiddleware）添加到请求处理管道中，并将配置好的路由加载到路由集合（Route-Collection）中。当应用接收到请求时，会在路由管道（路由中间件）中执行路由匹配，并将请求提交给对应的控制器去处理。

通俗来讲，路由就是从请求的 URL 中提取信息，然后根据这些信息进行匹配与映射，从而映射到 MVC 模式中具体控制器（Controller）的方法（Action）上。路由是基于 URL 的一个中间件框架，MVC 模式中的路由主要有两种用途，具体如下。

- 匹配传入的 HTTP 请求，并把这些请求映射到控制器的方法上。需要注意的是，这个请求不匹配服务器文件系统中的文件。
- 构造传出的 URL，用于响应控制器操作。

需要注意的是，路由的匹配顺序是按照路由定义的顺序从上至下进行匹配的，遵循的原则是"先配置，先生效"。

2. 配置路由

路由分为两种映射模式，分别是传统路由（使用路由表）Conventional routing 和特性路由 Attribute routing，这 2 种模式的路由的具体介绍如下。

（1）配置传统路由（使用路由表）

一般情况下，如果一个应用程序想要处理URL，则需要提供一个路由规则，使用这个规则来处理一些需要处理的 URL。当创建一个 ASP.NET Core 3.1 MVC 应用程序时，Visual Studio 会默认在 Stratup.cs 文件的 Configure()方法中创建一个默认路由，该默认路由的规则被称为传统路由。

当在项目中配置传统路由时，需要配置路由的一些参数，如路由名称、路由模板、路由参数的默认值和路由约束，这些参数的具体介绍如表 3-2 所示。

表 3-2　路由配置的参数

参数名称	说明
name	路由名称，该名称不可与其他路由名称重复
pattern	路由模板，可在模板中以"{name}"格式定义路由参数
defaults	配置路由参数的默认值
constraints	路由约束

在 Stratup.cs 文件的 Configure()方法中，传统路由配置的具体代码如下：

```
1  public class Startup{
2      ......
3      public void Configure(IApplicationBuilder app, IWebHostEnvironment env){
4          ......
5          app.UseRouting(); //注册路由中间件（启用路由）
6          ......
7          app.UseEndpoints(endpoints =>
8          {
9              endpoints.MapControllerRoute( //配置传统路由
10                 name: "default",
11                 pattern: "{controller=Home}/{action=Index}/{id?}");
12         });
13     }
14 }
```

上述代码中，第 5 行代码调用 UseRouting()方法注册路由中间件，用于启用路由。

第 7~12 行代码调用 UseEndpoints()方法用于注册一个终结点路由中间件，在该中间件中调用 MapController-Route()方法配置传统路由。

第 9~11 行代码定义了一个 MapControllerRoute()方法，该方法中的第 1 个参数 name 的值设置为"default"，表示配置一个名字为 default 的路由，第 2 个参数 pattern 表示路由映射控制器的规则，规则为 "{controller}/{action}/{id?}"。参数 pattern 值中的{controller=Home}表示指定默认控制器为 Home，{action=Index}表示指定控制器中的默认 action（方法）为 Index，{id?}表示 action 中传递的参数，此参数可以不存在。

通常情况下使用传统路由，默认情况下不会在传统路由中配置参数 defaults 和 constraints 的值。

需要注意的是，传统路由规则中 controller 的值可以设置为需要访问的控制器名称，action 的值可以设置为需要访问的控制器中的方法名称，id 可以设置为 action 中需要传递的参数。

（2）配置特性路由

特性路由是指将 RouteAttribute 或自定义继承自 RouteAttribute 的特性类标记在控制器或方法上方，同时指定路由 URL 的字符串，从而实现路由的映射。当在 MVC 模式中配置路由时，最典型的用法就是使用路由特性来配置路由信息，被配置的路由被称为特性路由。特性路由是一种新的指定路由的方法，可将注解添加到控制器类或操作方法上方，为每个控制器和操作方法单独配置路由。

使用 Route 特性类标记控制器或者方法时，必须传入一个参数，该参数为字符串。如果 Route 标记在控制器上方，那么需要传入的参数为匹配的控制器名称；如果 Route 标记在方法上方，那么需要传入的参数为匹配的方法名称。如果需要默认匹配某个方法，则无须在方法上方配置路由或者配置空字符串。如果出现多个不配置或配置空字符串的路由，则程序无法匹配，会出现异常。下面介绍如何在控制器和方法上方配置特性路由，具体内容如下所示。

首先，可以在 HomeController 控制器和 Index()方法中使用 Attribute 特性配置路由，具体示例代码如下：

```
1  [Route("")]//配置特性路由，留空为默认访问此控制器
2  public class HomeController
3  {
4      [Route("")]//配置特性路由，留空为默认访问此 Action
5      public string Index()
6      {
7          return "index";
8      }
9  }
```

上述代码中，HomeController 控制器上方的 Route 特性标记中传入的参数为空字符串，也就是程序默认会访问该控制器。Index()方法上方的 Route 特性标记中传入的参数也为空字符串，表示程序默认会访问该方法。

如果不想让程序默认访问指定的控制器或方法，则可以在控制器和方法上方的 Route 特性标记中传递控制器与方法的名称作为参数，具体示例代码如下：

```
1    [Route("home")]//配置特性路由
2    public class HomeController
3    {
4        [Route("index")]//配置特性路由
5        public string Index()
6        {
7            return "index";
8        }
9    }
```

如果在程序中按照上述代码配置控制器和方法的特性路由，则可以通过 "https://localhost:44370/ home/ index" 访问控制器 HomeController 中的 Index()方法。

除了上述两种配置特性路由的方式外，还有一种比较灵活的方式，就是直接在控制器上方配置控制器和方法，具体示例代码如下：

```
1    [Route("[controller]/[action]")]//配置特性路由
2    public class HomeController
3    {
4        public string Index()
5        {
6            return "index";
7        }
8    }
```

需要注意的是，传统路由与特性路由的配置不能同时存在，只能选择一种进行配置。一般情况下，WebAPI 会使用特性路由，WebAPI 是一种无限接近于 RESTful 风格的轻型框架，Web API 与 MVC 是两种不同的框架。WebAPI 更倾向于基于 HTTP 协议的服务，直接返回用户的数据请求。MVC 是一种创建网站的框架，倾向于返回用户的页面请求。

3. 启用路由

如果想要启用路由，则需要在 Startup.cs 文件的 Configure()方法中调用 UseRouting()方法注册路由中间件，同时调用 UseMvc()方法配置路由，具体代码如下：

```
1    public void Configure(IApplicationBuilder app, IWebHostEnvironment env)
2    {
3        ......
4        app.UseRouting();//注册路由中间件
5        //在 MVC 项目中，一般调用 UseMvc()方法配置路由
6        app.UseMvc(route =>
7        {
8            route.MapRoute("default", "{controller=Home}/{action=Index}/{id?}");
9        });
10       ......
11   }
```

上述代码中，第 8 行代码表示创建一个名称为 "default" 的映射控制器的路由，映射规则为 "{controller}/{action}/{id?}"，映射规则中的 controller 表示控制器，action 表示控制器中的方法，id 表示方法中传递的参数，id 可以不存在。当 action 无法从请求地址中解析出来时，程序会默认使用 Index()方法，默认使用 Home 控制器。

【动手实践】

学习完配置路由后，下面通过一个案例来演示如何配置传统路由和特性路由，让大家能够熟练掌握路由的配置，大家一起动手练练吧！

1. 新建项目

在解决方案 Chapter03 中新建一个项目名为 ConfigureRouting 的 ASP.NET Core MVC 应用程序。

2. 修改 HomeController 控制器

在 HomeController 控制器中定义 Index()方法与 About()方法，具体代码如文件 3-2 所示。

【文件 3-2】 HomeController.cs

```
1   public class HomeController : Controller
2   {
3       public IActionResult Index()
4       {
5           return Content("Hello from Index");
6       }
7       public string About()
8       {
9           return "Hello from About";
10      }
11  }
```

3. 配置传统路由

项目创建好之后，程序会在项目中的 Startup.cs 文件中默认配置好传统路由，配置传统路由的具体代码如文件 3-3 所示。

【文件 3-3】 Startup.cs

```
1   public class Startup
2   {
3       ......
4       public void Configure(IApplicationBuilder app, IWebHostEnvironment env)
5       {
6           ......
7           app.UseRouting(); //注册路由中间件
8           app.UseAuthorization();
9           app.UseEndpoints(endpoints =>
10          {
11              endpoints.MapControllerRoute( //配置传统路由
12                  name: "default",
13                  pattern: "{controller=Home}/{action=Index}/{id?}");
14          });
15      }
16  }
17  }
```

上述代码中，第7行代码调用 UseRouting() 方法注册路由中间件，第11～14行代码调用 MapControllerRoute() 方法配置传统路由。

4. 配置特性路由

在 HomeController 控制器中，分别在 HomeController 上方、Index() 方法上方、About() 方法上方添加[Route("home")]、[Route("index")]、[Route("about")]，具体代码如文件 3-4 所示。

【文件 3-4】 HomeController.cs

```
1   [Route("home")]
2   public class HomeController : Controller
3   {
4       [Route("index")]
5       public IActionResult Index()
6       {
7           return Content("Hello from Index");
8       }
9       [Route("about")]
10      public string About()
11      {
12          return "Hello from About";
13      }
14  }
```

也可以将文件 3-4 中 HomeController 上方的路由设置为 "[Route("[controller]/[action]")]"，其中[controller]表示可以映射项目中 HomeController 在内的所有控制器，[action]表示可以映射 HomeController 中的所有方法。同时将 Index() 方法和 About() 方法上方的路由配置去掉。

5. 运行程序

创建好程序并配置完传统路由后运行程序，运行结果如图 3-5 所示。

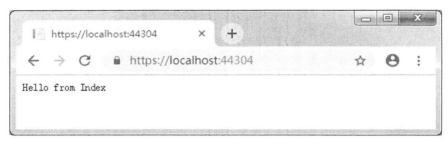

图3-5　运行结果1

配置完特性路由后运行程序，运行结果如图 3-6 所示。

图3-6　运行结果2

出现图 3-6 所示结果的原因是在项目中配置了特性路由，默认的传统路由配置就不起作用了，此时运行程序，网页上会出现找不到 localhost 的网页信息。如果在地址栏的地址后面输入"/home/index"并按【Enter】键，此时运行结果如图 3-7 所示。

图3-7　运行结果3

如果在地址栏的地址后面输入"/home/about"并按【Enter】键，此时页面上会显示"Hello from About"。

【拓展学习】

1. 终结点路由工作原理

默认情况下程序是根据定义的路由找到匹配的 Action，从而生成终结点，在这个生成终结点的过程中可以修改或添加数据信息，具体是通过 endpoints.MapControllerRoute()方法的返回对象调用相关扩展方法，本质上是在终结点的生成过程中加入一些委托，当生成终结点时，这些委托会被调用，终结点路由的具体代码如下：

```
1  app.UseEndpoints(endpoints =>
2  {
3      endpoints.MapControllerRoute(
4          name: "default",
5          pattern: "{controller=Home}/{action=Index}/{id?}");
6  });
```

2. ASP.NET Core 3.0 中 app.UseRouting()方法与 app.UseEndpoints()方法的区别

app.UseRouting()方法是根据当前请求找到终结点（Endpoint），app.UseEndpoints()方法是获取 UseRouting()方法找到的终结点去执行请求的最终处理，在执行这两个方法之间可以添加一些需要的中间件去做其他的处理，而且添加的中间件也可以获取UseRouting()方法找到的终结点。终结点路由的目的也是如此，让后续的中间件可以访问本次请求对应的终结点，此处的终结点可以理解为最终要执行的方法（Action）。

3. 委托

委托是一种引用类型，在面向对象的学习中了解到类是对象的抽象，而委托则可以看成是方法的抽象。定义委托类型的关键字是 delegate。

3.3　自定义路由

前面讲解了如何使用默认的 MVC 路由配置，通过该配置，可以将请求映射到控制器（Controller）和方法（Action）上。如果想要访问一些比较特殊的请求，则需要自定义一个路由对 URL 请求进行解析并映射到对应的控制器和方法上。下面对自定义路由进行详细讲解。

【知识讲解】

1. 自定义路由概述

一般情况下，MVC 项目使用默认路由即可，但是有些情况下，需要创建自己的路由规则，例如对于一些包含 xxx.aspx 或静态文件（如 index.html）的 URL，不能使用默认的 MVC 路由来处理请求，需要提供一个特定的路由对 URL 进行匹配和处理，该路由被称为自定义路由。

2. 自定义路由约束

虽然内置的路由约束能够适用于大部分常见的应用场景，但是有时候需要自定义想要的效果，这时候就需要用到自定义路由约束。自定义路由约束需要实现 IRouteConstraint 接口，然后重载 Match()方法，示例代码如下：

```
Match(HttpContext httpContext, IRouter route, string routeKey,
RouteValueDictionary values, RouteDirection routeDirection)
```

上述 Match()方法中传递了 5 个参数，其中第 1 个参数 httpContext 表示当前请求的上下文；第 2 个参数 route 表示当前约束所属的路由；第 3 个参数 routeKey 表示当前检查的变量名，如约束中传递的参数 id；第 4 个参数 values 表示当前 URL 匹配的字典值；第 5 个参数 routeDirection 表示一个枚举值，表示网络请求的 URL 是用 Url.Action()等方法生成的。

下面定义一个自定义路由约束，如果想要定义一个约束，则指定路由传递过来的参数必须为指定的枚举值，因此首先定义一个枚举类 BoolEnum，具体示例代码如下：

```
public enum BoolEnum
{
    True,
    False
}
```

其次定义约束，创建一个类 EnumConstraint，用该类实现 IRouteConstraint 接口，并重载 Match()方法，具体示例代码如下：

```
1    public class EnumConstraint : IRouteConstraint
2    {
3        private Type _enumType;
4        public EnumConstraint(string enumTypeName)
5        {
6            _enumType = Type.GetType(enumTypeName);
7        }
8        public bool Match(HttpContext httpContext, IRouter route,
9                             string routeKey, RouteValueDictionary values,
10                                RouteDirection routeDirection)
11       {
12           var value = values[routeKey];
13           if (value == null)
14           {
15               return false;
16           }
17           if (Enum.TryParse(_enumType, value.ToString(), out object result))
18           {
19               if (Enum.IsDefined(_enumType, result))
20               {
21                   return true;
22               }
23           }
24           return false;
25       }
26   }
```

3. 配置自定义路由

（1）将自定义路由注册到服务中

在 Startup.cs 文件的 ConfigureServices()方法中添加自定义路由约束：

```
services.Configure<RouteOptions>(options =>
{
    options.ConstraintMap.Add("enum", typeof(EnumConstraint));
});
```

（2）将自定义路由约束添加到控制器和方法上方

在路由上使用自定义路由约束，具体示例代码如下：

```
1    [Route("api/[controller]")]
2    [ApiController]
3    public class HomeController : ControllerBase
4    {
5        [HttpGet("{bool:enum(" + nameof(EnumConstraint) + "." +
6                                            nameof(BoolEnum) + ")}")]
7        public string Get(BoolEnum @bool)
8        {
9            return "bool: " + @bool;
10       }
11       [HttpGet("{id:int:min(2)}", Name = "Get")]
12       public string Get(int id)
13       {
14           return "id: " + id;
15       }
16       [HttpGet("{name}")]
17       public string Get(string name)
18       {
19           return "name: " + name;
20       }
21   }
```

上述代码中，第 11 行代码中的路由{id:int:min(2)}中传递的参数 id 必须使用大于或等于 2 的整数，否则程序会出现冲突。运行程序时，当路由是 api/Test/0、api/Test/1、api/Test/True、api/Test/False 时，程序会匹配自定义路由约束，当路由是 api/Test/{大于或等于 2 的整数}时，匹配第 11 行代码中定义的路由，其他情况匹配第 16 行代码中定义的路由。

（3）配置自定义路由

在 Startup.cs 文件的 Configure() 方法中调用 UseMvc() 方法配置自定义路由，具体示例代码如下：

```
1   public class Startup
2   {
3       public Startup(IConfiguration configuration)
4       {
5           Configuration = configuration;
6       }
7       public IConfiguration Configuration { get; }
8       public void ConfigureServices(IServiceCollection services)
9       {
10          services.AddControllersWithViews();
11          //将路由约束注册到服务中
12          services.Configure<RouteOptions>(options =>
13          {
14              options.ConstraintMap.Add("enum", typeof(EnumConstraint));
15          });//添加此行代码可以在 Configure() 方法中调用 UseMvc() 方法
16          //添加此行代码可以在 Configure() 方法中调用 UseMvc() 方法
17          services.AddMvc(option => option.EnableEndpointRouting = false);
18      }
19      public void Configure(IApplicationBuilder app, IwebHostEnvironment
20      env)
21      {
22          ......
23          //配置自定义路由
24          app.UseMvc(route =>
25          {
26              route.MapRoute("default", "{controller=Home}/
27                                          {action=Index}/{id?}");
28          });
29          ......
30      }
31  }
```

上述代码中，第 17 行代码调用 AddMvc() 方法将参数 option.EnableEndpointRouting 的值设置为 false，此时可以在 Configure() 方法中调用 UseMvc() 方法配置自定义路由。

第 24～28 行代码调用 UseMvc() 方法，在该方法中调用 MapRoute() 方法配置自定义路由。

【动手实践】

如果想要在 URL 为 {domain}/foods/list 时，输出所有食物信息，该如何操作呢？下面通过一个案例来演示如何根据请求的 URL 配置一个自定义路由来输出所有食物信息，大家一起动手练练吧！

1. 新建项目

在解决方案 Chapter03 中新建一个项目名为 CustomRouting 的 ASP.NET Core MVC 应用程序。

2. 配置自定义路由

在项目中的 Startup.cs 文件中找到 ConfigureServices() 方法和 Configure() 方法，通过这 2 个方法来配置自定义路由，核心代码如文件 3-5 所示。

【文件 3-5】　Startup.cs

```
1   public class Startup
2   {
3       public void ConfigureServices(IServiceCollection services)
4       {
5           services.AddControllersWithViews();
6           services.AddMvc(option => option.EnableEndpointRouting = false);
7       }
8       public void Configure(IApplicationBuilder app, IWebHostEnvironment env)
9       {
10          ......
11          app.UseRouting();//注册路由中间件
```

```
12          app.UseAuthorization();
13          app.UseMvc(route =>
14          {
15              route.MapRoute("default","{controller=Home}/
16                                          {action=Index}/{id?}");
17          });
18      }
19  }
```

上述代码中，第 13～17 行代码通过 UseMvc() 方法配置自定义路由，在该方法中通过 Lambda 表达式设置自定义路由，在该表达式中调用 MapRoute() 方法配置自定义路由模板。

MapRoute() 方法中的第 1 个参数 "default" 表示路由的名称；第 2 个参数表示路由的模板，在路由模板中，controller 映射项目中所有的控制器，action 映射项目中所有控制器中的方法，id 映射 action 方法中需要传递的参数。由于运行项目时，默认需要显示 HomeController 控制器中的 Index() 方法返回的信息，因此将 controller 的值设置为 Home，action 的值设置为 Index。只要在 URL 中输入对应的控制器名称和 action 名称就可以访问到 action 方法的返回值信息。

3. 创建 FoodController 控制器

在程序的 Controllers 文件夹中创建一个名为 FoodController 的控制器，在该控制器中定义一个 Index() 方法，该方法用于输出所有食物名称信息，具体代码如文件 3-6 所示。

【文件 3-6】　FoodController.cs

```
1  public class FoodController : Controller
2  {
3      //由于想输出所有食物名称，因此将 Index() 方法返回类型改为一个输出字符串的列表
4      public IList<String> Index()
5      {
6          return new List<string> { "蛋糕","面条","馒头"};
7      }
8  }
```

4. 在 URL 前面添加 admin 前缀才可以访问 HomeController

由于需要在 URL 前面添加 admin 前缀才能访问控制器 HomeController，因此需要在 HomeController 控制器上方添加特性路由，具体代码如下：

```
1  [Route("admin/[controller]/[action]")]
2  public class HomeController : Controller
3  {
4      public IList<String> Index()
5      {
6          return new List<string> { "张三", "李四", "王五" };
7      }
8  }
```

5. 运行程序

运行程序，运行成功后，在地址栏后面输入 "food/index" 并按下【Enter】键，此时页面上会显示 FoodController 控制器中的 Index() 方法返回的具体数据信息，运行结果如图 3-8 所示。

图3-8　运行结果1

如果在地址栏中输入 "https://localhost:44382/admin/home/index" 并按下【Enter】键，此时页面上会显示

HomeController 控制器中的 Index()方法返回的具体数据信息，运行结果如图 3-9 所示。

图3-9　运行结果2

【拓展学习】

在 ASP.NET Core 项目中，通过定义路由模板可以在 URL 上传递变量，同时可以为变量提供默认值、可选值和约束，约束的使用方法是在特性路由上添加指定的约束名，具体示例代码如下：

```
1    // 单个约束使用
2    [Route("users/{id:int}")]
3    public User GetUserById(int id) { }
4    // 组合约束使用
5    [Route("users/{id:int:min(1)}")]
6    public User GetUserById(int id) { }
```

上述代码中，第 2 行代码在特性路由上添加的约束是 GetUserById()方法中传递的参数 id 为 int 类型的数据，此处只定义了一个约束，即传递的参数 id 为 int 类型；第 6 行代码在特性路由上添加的约束是 GetUserById()方法中传递的参数 id 为 int 类型的数据，并且该数据的最小值为 1，此处为参数 id 设置了 2 个约束，一个是 int 类型的数据，另一个是最小值为 1 的数据。

3.4　本章小结

本章主要讲解了路由的配置、启用和自定义路由，首先介绍了什么是路由中间件、如何注册路由的中间件，然后介绍了如何配置传统路由和特性路由，最后介绍了如何自定义路由。通过学习本章的内容，希望读者能够掌握路由的配置和基本使用。

3.5　本章习题

一、填空题

1. _____是一种装配到应用管道用于处理请求和响应的软件，每个组件可以选择是否将请求传递到管道中的下一个组件。

2. ASP.NET Core 项目中中间件的注册方式有 3 种，分别是_____、_____、_____。

3. _____的作用就是将应用接收到的请求转发到对应的控制器中去处理。

4. 路由分为两种映射模式，分别是_____与_____。

5. 路由的匹配顺序是按照路由定义的顺序_____进行匹配的，遵循的原则是"先配置，先生效"。

二、判断题

1. 造成管道短路的路由中间件被称为"终端中间件"，该中间件会阻止程序进行进一步的请求处理。（　）

2. ASP.NET Core 项目中中间件的注册方式有 3 种，分别是通过 Run()方法注册中间件、通过 Use()方法注

册中间件、通过 Main() 方法注册中间件。（   ）

3. 通过 Run() 方法注册中间件时，该方法会直接返回一个 Response（响应），此时后续的中间件将不会被执行。（   ）

4. 通过 Use() 方法注册中间件时，该方法会对请求做一些工作或处理，例如在请求上添加一些上下文数据。（   ）

5. 路由的匹配顺序是按照路由定义的顺序从下至上进行匹配的，遵循的原则是后配置，后生效。（   ）

三、选择题

1. 下列选项中，不属于注册中间件的方式的是（   ）。

A. 通过 Run() 方法注册中间件   B. 通过 Use() 方法注册中间件

C. 通过 Map() 方法注册中间件   D. 通过 Main() 方法注册中间件

2. 下列选项中，（   ）选项是描述通过 Run() 方法注册中间件的。

A. 该方法会直接返回一个 Response 响应，此时后续的中间件将不会被执行

B. 该方法会对请求做一些工作或处理，例如在请求上添加一些上下文数据

C. 它会将请求重新指定到其他中间件路径上

D. 该方法也可以不对请求做任何处理，直接将请求交给下一个中间件

3. 下列选项中，描述的是 MVC 中的路由用途的是（   ）。

A. 匹配传入的 HTTP 请求，并把这些请求映射到控制器的操作。需要注意的是，这个请求不匹配服务器文件系统中的文件

B. 构造传出的 URL，用于响应路由操作

C. 路由的匹配顺序是按照路由定义的顺序从上至下进行匹配的，遵循的原则是 "先配置，先生效"

D. 路由是基于 URL 的一个中间件框架

4. 下列选项中关于配置自定义路由，描述不正确的是（   ）。

A. 将自定义路由注册到服务中

B. 将自定义路由约束添加到控制器和方法上方

C. 调用 MapRoute() 方法配置自定义路由

D. 提供一个特定的路由对 URL 进行匹配与处理

5. 下列选项中关于配置传统路由的一些参数，描述不正确的是（   ）。

A. 路由名称   B. 路由模板   C. 路由约束   D. 路由定义

四、简答题

1. 注册中间件的三种方式分别是什么？

2. 如何配置传统路由？

3. 请简述 MVC 中路由的两种用途。

第 4 章

添加控制器：处理请求

学习目标

在浏览器的地址栏中输入一个地址后，浏览器是如何显示网页的呢？在显示网页的过程中需要用到控制器来处理浏览器的请求，通过控制器可以检索模型数据并调用响应的视图模板。在 MVC 应用程序中，控制器用于处理并响应用户与视图的交互。本章学习的 MVC 模式中的控制器主要用于处理浏览器的请求，并显示界面视图，在学习的过程中需要掌握如下内容。

★ 能够创建控制器。

★ 能够定义动作方法。

★ 能够设置过滤器。

★ 熟悉动作执行结果。

情景导入

小王是某家公司的一名 ASP.NET 程序开发人员，最近要开发一个新项目，项目中需要用到 MVC 模式。为了开发的顺利进行，小王又重新复习了一下 MVC 模式的使用方法，以及其中最重要的控制器是如何运行的。小王总结了复习的内容，即 MVC 模式本质上以控制器为核心，控制器管理着请求的整个处理过程。任何经过 URL 路由筛选器的请求都会被映射到一个控制器中，并通过执行该控制器中的特定方法来处理。控制器中的方法（Action）的执行过程如图 4-1 所示。

图 4-1 中，当程序执行控制器类时，首先会根据地址栏中的 URL 查找控制器中对应的 Action，且有一部分过滤器（IActionFilter 和 IAuthorizationFilter）是在执行 Action 之前生效的；然后程序进入逻辑代码并执行，通过反射调用 Action 方法执行，调用之前还涉及一些复杂的参数传递和绑定；最后到执行结果（ActionResult），ActionResult 是前面步骤执行的最终"果实"，通过执行 ActionResult 的 Execute-Result()抽象方法，一个 HttpRespose 被正确地构建好，准备传回客户端。

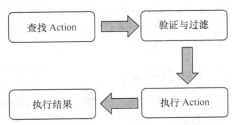

图4-1 控制器中方法（Action）的执行过程

需要注意的是，ActionResult 在控制器中起到了关键的作用，ActionResult 有多个派生类，其中最为常见的就是 ViewResult。

4.1　创建控制器

控制器是 MVC 应用程序的指挥员，它精心紧密地编排用户、模块对象和视图的交互，同时响应用户的输入，调用正确的模块，输出合适的视图，进而响应用户的请求。下面对如何创建控制器进行详细讲解。

【知识讲解】

1. 控制器简介

控制器（Controller）是包含必要的处理请求的.NET 类，用于对一组操作进行定义和分组，此处的操作是控制器上一种用来处理请求的方法。MVC 模式中的控制器主要负责响应用户的输入，并且在响应时修改模型（Model）。通过这种方式，MVC 模式中的控制器主要关注的是应用程序流、输入数据的处理以及向视图（View）传递数据。

2. 控制器的作用

控制器的作用有两个，分别是中转作用和中介作用，具体介绍如下。

（1）中转作用

通过前面学习的 MVC 模式可知，控制器在 MVC 模式中起着承上启下的作用，根据用户的输入，需要执行响应行为（动作方法），同时在行为中调用模型的业务逻辑，返回给用户结果（视图）。

（2）中介作用

控制器在 MVC 模式中分离了视图和模型，让视图与模型各司其职，控制器只负责数据传送，不负责处理。控制器的中转作用与中介作用如图 4-2 所示。

图4-2　控制器的中转作用与中介作用

3. 创建控制器的 3 种方式

创建控制器的方式有 3 种，分别是在类名后添加"Controller"、在类的上方添加"[Controller]"、继承 Controller 类（即在类的后面添加":Controller"），这 3 种方式的具体实现如下。

第 1 种方式：在类名后添加"Controller"，具体代码如下：

```
public class HomeController{}
```

第 2 种方式：在类的前一行添加"[Controller]"，具体代码如下：

```
[Controller]
public class Home { }
```

第 3 种方式：继承 Controller 类，具体代码如下：

```
public class Home:Controller { }
```

以上 3 种方式中的任意一种都可以定义一个控制器，最常用的方式是第 3 种方式，即通过继承 Controller 类来定义一个控制器。

【动手实践】

下面将通过控制器实现一个输出"HelloWorld"的页面，通过这个案例让大家了解如何创建一个控制器，大家一起动手练吧。

1. 创建控制器

在 Visual Studio 中创建一个解决方案名为 Chapter04、项目名为 HelloWorld 的 ASP.NET Core MVC 程序，在该程序中首先选中 Controllers 文件夹，然后右键单击选择【添加(D)】选项，如图 4-3 所示。

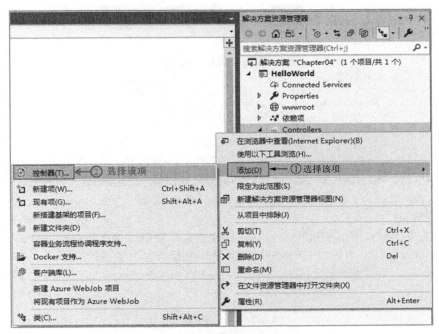

图4-3　创建控制器

然后单击图 4-3 中的【控制器（T）...】选项，弹出一个"添加已搭建基架的新项"窗口，在该窗口中选择【MVC 控制器 – 空】选项，如图4-4 所示。

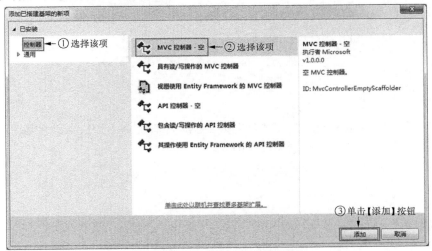

图4-4　"添加已搭建基架的新项"窗口

单击图 4-4 中的【添加】按钮后，会弹出一个"添加空 MVC 控制器"的窗口，在该窗口中输入控制器的名称，如图 4-5 所示。

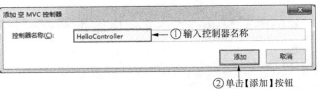

图4-5　"添加 空 MVC控制器"窗口

单击图 4–5 中的【添加】按钮，完成创建 HelloController 控制器，HelloController 中的具体代码如文件 4–1 所示。

【文件 4-1】   HelloController.cs

```
1    using Microsoft.AspNetCore.Mvc;
2    namespace HelloWorld.Controllers{
3        public class HelloController : Controller{
4            public IActionResult Index(){
5                return View();
6            }
7        }
8    }
```

上述代码中，第 4～6 行代码中的 Index()方法（Action 方法）用于处理浏览器的请求，第 4 行代码中的 "IAction Result" 表示请求响应的结果，第 5 行代码中的 "return View();" 表示返回一个视图。

2. 调用控制器

由于需要在项目运行时测试控制器 HelloController 是否会出现问题，因此需要修改 Startup.cs 文件，在该文件中找到 Configure()方法，在该方法中修改传统路由规则中指定运行的控制器，也就是在 Configure()方法中设置 MapControllerRoute()方法的参数 pattern 的值为 "{controller=Hello}/{action=Index}/{id?}"，修改后的具体代码如文件 4–2 所示。

【文件 4-2】   Startup.cs

```
1    ......
2    namespace HelloWorld{
3        public class Startup{
4            ......
5            public void Configure(IApplicationBuilder app, IwebHostEnvironment
6            env){
7                ......
8                app.UseEndpoints(endpoints =>{
9                    endpoints.MapControllerRoute(
10                       name: "default",
11                       pattern: "{controller=Hello}/{action=Index}/{id?}");
12               });
13           }
14       }
15   }
```

由于仅创建了 HelloController 控制器，没有创建该控制器需要绑定的视图文件，因此直接运行程序时，程序会报错，提示找不到 Index 视图的报错信息如图 4–6 所示。

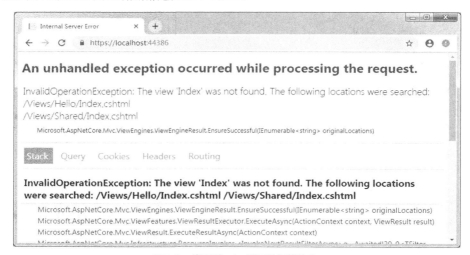

图4-6   找不到Index视图的报错信息

后续章节中会学习视图，此处暂时不创建 Index() 方法对应的视图，为了解决这个问题，可以让 Index() 方法返回一个字符串类型的信息并显示到网页上。修改文件 4-1 中的 Index() 方法，将该方法的返回值类型 IActionResult 修改为 string，返回值修改为 "Hello World!"，修改后的具体代码如下所示。

```
public string Index(){
    return "Hello World!";
}
```

3. 运行程序

运行 Hello World 程序，运行结果如图 4-7 所示。

图4-7　运行结果

由图4-7可知，程序运行了HelloController控制器中的Index()方法，并将该方法返回的字符串信息"Hello World!"显示到网页上。

【拓展学习】

1. ViewBag 属性

控制器除了负责处理浏览器发送的请求外，同时还负责协调模型与视图之间的数据传递，在 MVC 中传递数据给视图的方式有很多种，其中包括用 ViewBag 属性来传递，该属性的类型是 Dynamic（动态）类型，这种类型是 C# 4.0 中引入的新类型，它在编译时并不做类型检查，只有在运行时才解析。

2. Lambda 表达式

Lambda 表达式本质上是一个匿名方法，与匿名方法相比，其语句结构更加简单且可用于创建委托或表达式类型。下面通过对比匿名方法与 Lambda 表达式来进行讲解，具体代码如下：

```
MyDel del = delegate(int x) { return x+1; };      //匿名方法
MyDel lab = (int x) { return x+1; };              //Lambda 表达式
MyDel lab1= (x) { return x+1; };                  //Lambda 表达式
MyDel lab2= x =>{ return x+1; };                  //Lambda 表达式
MyDel lab3= x => x+1;                             //Lambda 表达式
```

上述代码中简化了一个匿名方法的编写过程，通过编译器来判断参数类型。其中，Lambda 表达式的运算符 "=>" 读作 "goes to"，并且该运算符与赋值运算符具有相同的优先级。

需要注意的是，委托是一种类型，在面向对象的学习中了解到类是对象的抽象，而委托则可以看成是方法的抽象，定义委托类型的关键字是 delegate。

4.2　定义动作方法

动作（Action）是控制器中的一个方法，当在浏览器地址栏中输入某个特定的 URL 时，程序将会调用对应的 Action 方法执行相应的操作，这些 Action 方法都是在控制器中定义的，用于处理一些相应的操作。下面将对如何定义 Action 方法进行详细讲解。

【知识讲解】

1. Action 方法概述

控制器类中的公有方法称之为 Action 方法（操作方法）。例如，有一个 URL 为 "/home/index"，根据前面学习的有关路由的知识可知，该 URL 映射的控制器的名称为 home，操作方法的名称为 index，因此在程序中需要有一个 HomeController 类，在该类中需要有一个名为 index 的公有方法。

这些 Action 方法可以用于处理请求，也可以返回任何内容，但是经常返回生成响应的 IActionResult（或异步方法的 Task<IActionResult>）类的实例。

2. 定义 Action 方法

当创建好一个 ASP.NET Core MVC 程序后，默认在项目的 Controllers 文件夹中会创建一个 HomeController 控制器，在该控制器中默认定义了一些 Action 方法，以 Index() 方法与定义的 Hello() 方法为例，具体代码如下：

```
1   public class HomeController : Controller{
2       private readonly ILogger<HomeController> _logger;
3       public HomeController(ILogger<HomeController> logger){
4           _logger = logger;
5       }
6       public IActionResult Index(){ //定义 Index()方法
7           return View();
8       }
9       public string Hello(){
10          return "Hello World!";
11      }
12  }
```

上述代码中，第 6～8 行定义了一个 Index() 方法，该方法的返回值类型为 IActionResult，这个返回值就是动作执行的一个结果，可以是 HTML、JSON、XML 和动态 Razor 页面等，在后续章节中会对 IActionResult 进行详细讲解；第 9～11 行代码定义了一个 Hello() 方法，该方法的返回值类型设置为 string，返回值设置为字符串 "Hello World!"。当调用 Hello() 方法时，会输出字符串 "Hello World!"。

需要注意的是，作为控制器动作来使用的方法不能重载，控制器动作不能为静态方法。

3. Action 方法的参数绑定

Action 方法也可以接收 URL 中的参数。例如，一个 URL 为 "https://localhost:44313/HomeController/Index/6"，该 URL 中的参数值为 6，这个参数值可以作为参数首先被路由解析为整数，然后传入到 Index() 方法中进行处理，以 HomeController 控制器与 Index() 方法为例，具体代码如下：

```
1   public class HomeController : Controller{
2       //https://localhost:44313/HomeController/Index/6
3       public IActionResult Index(int id){
4           return View();
5       }
6   }
```

上述代码中，Index() 方法可以获取到 URL 中传递的参数 6。

当 Action 方法没有任何声明时，默认的 HTTP 请求方式为 GET。如果想要处理 POST 请求，则必须在方法上方标注[HttpPost]，具体代码如下：

```
1   public class HomeController : Controller{
2       //https://localhost:44313/HomeController/Index/6
3       [HttpPost] //处理 POST 请求
4       public IActionResult Index(int id){
5           return View();
6       }
7       [HttpGet] //处理 GET 请求
8       public string Hello(){
9           return "Hello World!";
10      }
11  }
```

【动手实践】

下面通过 Action 方法实现一个输出"Hello LiLei"的页面，通过这个案例帮助大家了解如何定义一个 Action 方法，以及 Action 方法中的参数是如何传递的，下面大家一起动手练一下吧。

1. 创建项目

在解决方案 Chapter04 中创建一个名为 HelloAction 的 ASP.NET Core MVC 项目。

2. 修改 Index()方法

由于想要让页面显示一个字符串信息，因此需要找到项目中的 HomeCotroller 控制器，修改该控制器中的 Index() 方法，将该方法的返回值类型设置为 string 类型（字符串类型），传递的参数设置为 string 类型的 name，修改后的具体代码如文件 4-3 所示。

【文件 4-3】　　HomeController.cs

```
1  namespace HelloAction.Controllers{
2      public class HomeController : Controller{
3          public string Index(string name){
4              return "Hello "+name;
5          }
6      }
7  }
```

上述代码中，第 3～5 行代码定义了一个 Index()方法，该方法传递的参数是一个 string 类型的 name，该方法的返回值为"Hello"+name。由于 Index()方法没有特殊标记请求的类型，因此默认该请求为 HTTP 的 GET 请求。

3. 运行程序

运行 HelloAction 程序，会直接运行 HomeController 控制器中的 Index()方法，运行结果如图 4-8 所示。

图4-8　运行结果1

接着在地址栏中的地址后面输入"/Home/Index?name=LiLei"，然后按下【Enter】键，程序的运行结果如图 4-9 所示。

图4-9　运行结果2

【拓展学习】

如果控制器中的 Index()方法上方添加了[HttpGet]或[HttpPost]标签，则表示该方法只用于处理或优先处理 GET 或 POST 方式的请求。

假如一个控制器中有 2 个同名的 Action 方法，一个 Action 方法添加了[HttpGet]标签，另一个没有添加，如果有一个 GET 请求发送过来，则这个请求会交给添加了[HttpGet]标签的 Action 方法处理；如果有一个 POST 请求发送过来，则这个请求会交给未添加标签的 Action 方法来处理。如果 Index()方法上方没有添加任何信息，则程序默认使用的是 HTTP 的 GET 请求。

4.3   设置过滤器

人们在去超市购物之前，首先会想一下需要买的东西，然后看一下冰箱或零食箱中都缺什么，去看冰箱或零食箱的动作就是购物之前需要做的事情。在 ASP.NET MVC 程序中也可以在执行控制器操作方法之前去执行一些其他的操作，这些操作被称为过滤器，本节将对过滤器进行详细讲解。

【知识讲解】

1．过滤器简介

过滤器（Filter）是围绕操作方法运行的一段代码，可用于修改和扩展方法本身的行为。通常，在项目中我们会遇到在 Action（操作方法）执行前或结束时，需要去执行日志记录或错误处理等操作，也会遇到在访问过滤器中的 Index()方法之前，需要做权限认证的操作，从而认证某个用户是否有权限访问 Index()方法。此时，ASP.NET MVC 中提供的过滤器为.NET 程序的开发提供了便利。

2．过滤器类型

Action 的过滤器分为 4 种不同类型，分别是授权过滤器（AuthorizationFilter）、动作过滤器（ActionFilter）、结果过滤器（ResultFilter）、异常过滤器（ExceptionFilter），这 4 种过滤器的具体信息如表 4-1 所示。

表 4-1   4 种类型的过滤器

过滤器类型	接口	描述
AuthorizationFilter	IAuthorizationFilter	首先运行，在任何其他过滤器或动作方法之前运行
ActionFilter	IActionFilter	在动作方法之前或之后运行
ResultFilter	IResultFilter	在动作结果被执行之前或之后运行
ExceptionFilter	IExceptionFilter	只在另一个过滤器、动作方法、动作结果弹出异常时运行

表 4-1 中的接口分别是 4 种类型过滤器需要实现的一些接口。

（1）授权过滤器（AuthorizationFilter）

授权过滤器俗称认证和授权过滤器，是在运行 Controller 和 Action 之前首先运行的过滤器，可用于在 Action 运行之前做一些额外的判断，如授权检查、是否为 SSL 安全联机、验证输入信息是否包含 XSS 攻击字符等，所有授权过滤器都必须实现 IAuthorizationFilter 接口。

（2）动作过滤器（ActionFilter）

动作过滤器的属性提供了两个事件，分别是 OnActionExecuting 事件和 OnActionExecuted 事件，这两个事件会在 Action 方法的前后运行。动作过滤器在实现 IActionFilter 接口时，必须要实现这两个事件。

（3）结果过滤器（ResultFilter）

结果过滤器（ResultFilter）提供了两个事件在视图的前后运行，分别是 OnResultExecuting 事件和 OnResult-Executed 事件，如果结果过滤器实现了 IResultFilter 接口，就必须要实现这两个事件。

（4）异常过滤器（ExceptionFilter）

通常为了捕获异常，会在程序中加上 try-catch-finally 代码块，但是这样会使得程序代码看起来很庞大，为了减少代码量，MVC 提供了异常过滤器来捕获程序中的异常。使用异常过滤器后，可以不用在 Action 方法中通过 try-catch-finally 代码块来捕获异常，而这个捕获异常的工作可以交给异常过滤器 HandleError 来做，这个异常过滤器可以应用在控制器和操作方法中。

3. 过滤器的执行顺序

如果某个 Action 方法运用了多种过滤器，那么过滤器的执行顺序具体如下。

（1）不同类型的过滤器的先后执行顺序

不同类型的过滤器的先后执行顺序如图 4-10 所示。

MVC 中的 4 种过滤器的执行顺序是：授权过滤器→动作过滤器→结果过滤器→异常过滤器。需要注意的是，如果动作过滤器执行过程中发生了异常，那么会执行异常过滤器，不会执行结果过滤器。图4-10 中所示的是正常情况下的执行顺序。

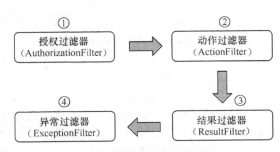

图4-10　过滤器的先后执行顺序

（2）控制器和方法上方过滤器的执行顺序

如果控制器和方法上方都使用了相同的过滤器，那么先执行控制器上方的过滤器，再执行方法上方的过滤器，具体示例代码如下：

```
1  [MyActionFilter()]
2  public class HomeController : Controller{
3      [MyActionFilter()]
4      public IActionResult Index(){
5          return View();
6      }
7  }
```

（3）Order 属性可以决定过滤器的先后顺序

可以通过实现 IorderedFilter 接口来覆盖过滤器默认的执行顺序，该接口中定义了 Order 属性表示优先级，以确定过滤器的执行顺序，Order 值较低的过滤器会在 Order 值较高的过滤器前面执行。具体示例代码如下：

```
1   public class HomeController : Controller{
2       [MyActionFilter()]
3       public IActionResult Index(){
4           return View();
5       }
6       [MyActionFilter(Order = 1)]
7       public IActionResult About()
8       {
9           return View();
10      }
11      [MyActionFilter(Order = 2)]
12      public IActionResult Login()
13      {
14          return View();
15      }
16  }
```

上述代码中，Index()方法上方的过滤器没有设置 Order 属性的值，默认 Order 属性的值为-1，About()方法与 Login()方法上方的过滤器中 Order 属性的值分别为 1 和 2，因此当运行该控制器时，程序会先执行 Index()方法上方的过滤器，接着依次执行 About()方法和 Login()方法上方的过滤器。

当执行过滤器时，Order 属性的优先级高于作用域，过滤器首先根据 Order 属性的值进行排序，然后再根据 Order 属性的作用域进行排序。默认情况下 Order 属性的值为-1，也就是会先执行没有设置 Order 属性值的过滤器，如果过滤器的 Order 属性的值相同，但类型不同，就不能确定过滤器的执行顺序。

（4）控制器实现的过滤器接口方法优先执行

如果控制器实现了过滤器中的方法，则该方法会优先于其他方法执行，具体示例代码如下：

```
1   public class HomeController : Controller{
2       [MyActionFilter()]
3       public IActionResult Index(){
4           return View();
5       }
6       public override void OnActionExecuting(ActionExecutingContext context)
```

```
7         {
8             base.OnActionExecuting(context);
9         }
10    }
```

上述代码中，第 6～9 行代码重写了过滤器中的 OnActionExecuting()方法，由于控制器实现的过滤器接口中的方法会优先执行，因此程序在执行 HomeController 控制器中的代码时，会先执行 OnActionExecuting()方法，再执行 Index()方法。

4. 自定义过滤器

微软提供了开发自定义过滤器的接口，允许自己编码实现过滤器的功能。自定义过滤器需要实现微软提供的接口，从而实现指定的业务需求，这样可以灵活地控制整个项目处理请求前后的操作。MVC5 中有 4 种允许自定义的过滤器，分别为授权过滤器、异常过滤器、结果过滤器和行为过滤器。

自定义过滤器可以通过两种方式进行定义，一种是创建一个类实现 IActionFilter 接口，并实现该接口中的 OnActionExecuting()方法和 OnActionExecuted()方法；另一种是创建一个类继承 Attribute 类，并实现 IActionFilter 接口，通过 Attribute 特性标识想要过滤的方法或控制器实现局部过滤。下面通过两种方式来自定义一个动作过滤器，具体介绍如下。

（1）实现 IActionFilter 接口

在 ASP.NET Core MVC 项目的 Controllers 文件夹中创建一个 ActionFilter 类，该类实现了 IActionFilter 接口，具体代码如文件 4-4 所示。

【文件 4-4】   ActionFilter.cs

```
1    public class ActionFilter : IActionFilter{
2        public void OnActionExecuting(ActionExecutingContext context){
3            Console.WriteLine("Action 执行之前");
4        }
5        public void OnActionExecuted(ActionExecutedContext context){
6            Console.WriteLine("Action 执行之后");
7        }
8    }
```

IActionFilter 接口中需要实现 2 个方法，分别是 OnActionExecuting()方法和 OnActionExecuted()方法，这 2 个方法分别在 Action 执行之前和 Action 执行之后运行。

（2）继承 Attribute 类，并实现 IActionFilter 接口

在 ASP.NET Core MVC 项目的 Controllers 文件夹中创建一个 MyActionFilter 类，该类继承 Attribute 类，并实现 IActionFilter 接口，具体代码如文件 4-5 所示。

【文件 4-5】   MyActionFilter.cs

```
1    public class MyActionFilter : Attribute, IActionFilter{
2        public void OnActionExecuting(ActionExecutingContext context){
3            Console.WriteLine("Action 执行之前");
4        }
5        public void OnActionExecuted(ActionExecutedContext context){
6            Console.WriteLine("Action 执行之后");
7        }
8    }
```

需要注意的是，通过 Attribute 特性可以标识到具体想要过滤的方法或控制器，从而实现局部过滤。

【动手实践】

下面通过一个案例让大家了解如何自定义过滤器和注册过滤器，大家一起动手练一下吧。

1. 创建项目

在解决方案 Chapter04 中创建一个名为 CustomFilters 的 ASP.NET Core MVC 项目。

2. 自定义一个过滤器 MyActionFilter

在项目中创建一个 Filters 文件夹，在该文件夹中创建一个 MyActionFilter 类，该类继承 Attribute 类，并实现

IActionFilter 接口，具体代码如文件 4-6 所示。

【文件 4-6】　MyActionFilter.java

```
1   public class MyActionFilter : Attribute, IActionFilter{
2       public void OnActionExecuting(ActionExecutingContext context)
3       {
4           context.Result = new ContentResult()
5           {
6               Content = "执行 OnActionExecuting()方法，资源无效，验证不通过！"
7           };
8       }
9       public void OnActionExecuted(ActionExecutedContext context)
10      {
11          context.Result = new ContentResult()
12          {
13              Content = "执行 OnActionExecuted()方法，验证不通过！"
14          };
15      }
16  }
```

上述代码中，第 1~16 行代码定义了一个过滤器 MyActionFilter，该过滤器实现了接口 IActionFilter 中的 OnActionExecuted()方法和 OnActionExecuting()方法，OnActionExecuted()方法是在控制器中的 Action 方法执行之后执行的方法，OnActionExecuting()方法是在控制器中的 Action 方法执行之前执行的方法。

需要注意的是，只要在过滤器的方法中返回 ContentResult，程序就会短路，后面的所有逻辑都不会再处理。

3. 在控制器上方设置过滤器

在项目中的 HomeCotroller 控制器中定义一个 Index()方法和 Error()方法，这 2 个方法分别用于显示主页信息与项目出错时的页面信息，具体代码如文件 4-7 所示。

【文件 4-7】　HomeController.cs

```
1   namespace CustomFilters.Controllers{
2       [Filters.MyActionFilter]
3       public class HomeController : Controller{
4           public IActionResult Index(){
5               return View();
6           }
7           public IActionResult Error(){
8               return View();
9           }
10      }
11  }
```

上述代码中，第 2 行代码用于将过滤器 MyActionFilter 设置到控制器 HomeController 上，此时该过滤器对整个控制器都起到过滤作用。

4. 将过滤器注入服务中

创建好过滤器后，需要将过滤器注入服务中，此时需要在项目中的 Startup.cs 文件中找到 ConfigureServices()方法，在该方法中注册过滤器 MyActionFilter，具体代码如文件 4-8 所示。

【文件 4-8】　Startup.cs

```
1   public class Startup{
2       ......
3       public void ConfigureServices(IServiceCollection services)
4       {
5           services.AddMvc(options => //注册 MVC 中的过滤器
6           {
7               options.Filters.Add(new Filters.MyActionFilter());
8           });
9           services.AddControllersWithViews();
10      }
11      ......
12  }
```

上述代码中第 5~8 行代码调用 AddMvc()方法将过滤器 MyActionFilter 注入服务 services 中。

5. 运行项目

运行 CustomFilters 项目，程序会直接运行 HomeController 控制器中的 Index()方法，运行结果如图 4-11 所示。

图4-11   运行结果1

由于 HomeController 控制器的上方添加了过滤器 MyActionFilter，运行程序后，在执行 Index()方法之前，程序会先执行 MyActionFilter 过滤器中的 OnActionExecuting()方法，在该方法中返回 ContentResult，此时程序会直接短路，后面的逻辑代码不会继续执行，程序也不会执行控制器中的 Index()方法。

如果将文件 4-6 中的第 4~7 行代码去掉，运行程序，此时的运行结果如图 4-12 所示。

图4-12   运行结果2

由图 4-12 可知，当去掉 OnActionExecuting()方法中返回 ContentResult 的代码后，程序会执行 Index()方法，执行后调用 OnActionExecuted()方法。

【拓展学习】

过滤器可以添加在 3 个不同的位置，分别是在操作方法上方添加过滤器、在控制器上方添加过滤器和在 Startup.cs 文件中添加过滤器。在 Startup.cs 文件中添加的过滤器属于全局过滤器，全局过滤器将作用于整个 MVC 应用程序中的每一个操作。

如果想要使用全局过滤器，就需要在配置 MVC 时，在 Startup.cs 文件中的 ConfigureServices()方法中添加如下代码：

```
1   public class Startup{
2      ......
3      public void ConfigureServices(IServiceCollection services)
4      {
5          services.AddMvc(options => //注册 MVC 中的过滤器
6          {
7              options.Filters.Add(typeof(SampleActionFilter));//通过类型
8              options.Filters.Add(new SampleActionFilter());   //注册实例
9          });
10         services.AddControllersWithViews();
11     }
12     ......
13  }
```

上述代码中，第 7 行代码是通过类型添加过滤器；第 8 行代码是通过注册过滤器 SampleActionFilter 的实例来添加过滤器。如果通过实例来添加过滤器，则该实例可适用于每一个请求；如果通过类型来添加过滤器，则每次请求后都会创建一个过滤器实例，其所有构造函数的依赖项都将通过 DI（依赖注入）来填充。

当一个控制器中存在多个过滤器时，过滤器执行的默认顺序由作用域决定，也就是全局过滤器优先于控制器过滤器，控制器过滤器优先于 Action 方法过滤器。

4.4　动作执行结果

ActionResult 是控制器方法执行后返回的结果类型，控制器方法可以返回一个直接或间接继承抽象类 ActionResult 的类型，该类型是一个描述动作结果的对象，通过该对象可以实现显示一个视图、重定向到不同 URL 和返回不同类型的数据。下面对动作执行结果（ActionResult）进行详细讲解。

【知识讲解】

控制器中的 Action 执行完成后，返回值通常是 ActionResult 类，该类是一个抽象类，具体返回的对象是 ActionResult 类的派生类（继承 ActionResult 类），该类的派生类有很多，常见的有 ViewResult 类、RedirectResult 类、FileResult 类等，具体如表 4-2 所示。

表 4-2　常见的 ActionResult 类的派生类

类名	封装方法	描述
ViewResult	View()	返回一个视图
RedirectResult	Redirect()	重定向 URL
FileResult	File()	以二进制串流的方式回传一个文档信息
ContentResult	Content()	返回 string 类型的字符串
JsonResult	Json()	回传 JSON 格式的数据
JavaScriptResult	JavaScript()	返回 JavaScript 类型的字符串
ObjectResult	ObjectResult()	返回一个 Object 类型的数据

由于 ActionResult 类实现了 IActionResult 接口，ViewResult 类、RedirectResult 类、FileResult 类、ContentResult 类、JsonResult 类和 JavaScriptResult 类均继承于 ActionResult 类，因此返回值类型为 IActionResult 类型的函数可以返回所有直接继承或间接继承 ActionResult 类的数据。而且每种类型的数据支持两种返回方式，一种是通过实例化对象来返回，另一种是通过封装方法来返回，具体示例代码如下：

```
1   public class HomeController : Controller{
2       public IActionResult Json1()//实例化对象
3       {
4           JsonResult result = new JsonResult(new { name = "Lili" });
5           return result;
6       }
7       public IActionResult Json2()//封装方法
8       {
9           return Json(new { name = "Lucy" });
10      }
11  }
```

上述代码中，第 2～6 行代码定义了一个 Json1()方法，在该方法中通过 new 关键字创建 JsonResult 类的实例对象 result，并将该对象返回；第 7～10 行代码定义了一个 Json2()方法，在该方法中通过 Json()方法返回了一个 JsonResult 类型的数据作为 Json2()方法的返回值。

需要注意的是，如果控制器中的方法返回的是非 ActionResult 类型的数据，控制器会将结果转换为一个 ContentResult 类型的数据信息。

【动手实践】

下面通过 ActionResult 来实现一个输出文本信息与 JSON 数据的页面，通过这个案例让大家了解如何返回 ContentResult 类型和 ObjectResult 类型的数据，大家一起动手练一下吧。

1. 创建项目

在解决方案 Chapter04 中创建一个名为 ActionResult 的 ASP.NET Core MVC 项目。

2. 创建 Student 类

由于需要在页面上显示一个 JSON 格式的学生信息，因此需要在 Models 文件夹中创建一个 Student 类，在该类中定义学生的属性 Id 和 Name 的信息，具体代码如文件 4-9 所示。

【文件 4-9】　Student.cs

```
1  namespace ActionResult.Models{
2      public class Student{
3          public int Id { get; set; }        //学生 ID
4          public string Name { get; set; } //学生 Name
5      }
6  }
```

3. 定义 Action 方法

在 ActionResult 项目的 HomeController 控制器中定义一个 Index()方法和 Json()方法，分别用于在页面上显示文本信息和 1 个学生对象的数据信息，具体代码如文件 4-10 所示。

【文件 4-10】　HomeController.cs

```
1  namespace ActionResult.Controllers{
2      public class HomeController : Controller{
3          public ContentResult Index(){
4              return Content("这条消息来自 HomeController 中的 ContentResult");
5          }
6          public ObjectResult Json(){
7              var student = new Student { Id = 1, Name = "李雷" };
8              return new ObjectResult(student);
9          }
10     }
11 }
```

上述代码中，第 3～5 行代码定义了一个 Index()方法，该方法的返回值类型为 ContentResult，返回值为一个文本信息；第 6～9 行代码定义了一个 Json()方法，在该方法中首先创建一个 Student 类的实例，在实例中定义学生的 Id（学号）和 Name（姓名）信息，然后将学生对象 student 传递到 ObjectResult()构造方法中创建一个 ObjectResult 类的实例并返回。

4. 运行程序

运行程序，默认情况下程序会运行 HomeController 控制器中的 Index()方法，运行结果如图 4-13 所示。

图4-13　运行结果1

接着在地址栏中的地址后面输入 "/Home/Json" 信息，此时按下【Enter】键，页面上会显示一条学生信息，运行结果如图 4-14 所示。

图4-14 运行结果2

【拓展学习】

ASP.NET MVC 提供了一个非常强大的 Response（响应）处理类，即 ActionResult，ActionResult 会根据返回数据的类型自动做类型转换，并向外部发送合适的数据，返回的数据可以传递到 Content()方法中，该方法中的内容可以是 JSON、字符串（string）、XML、HTML 等对应的数据信息。

4.5 本章小结

本章主要讲解了如何创建控制器、定义动作方法、设置过滤器和动作执行结果等知识，通过学习这些内容，希望读者可以更好地掌握控制器的相关知识并能够在项目中熟练运用。

4.6 本章习题

一、填空题

1. _____是包含必要的处理请求的.NET 类，用于对一组操作进行定义和分组。
2. 控制器的作用有两个，分别是_____与_____。
3. 控制器类中的任何公有方法都是操作，这些操作也可称为_____方法。
4. _____是围绕操作方法运行的一段代码，可用于修改和扩展方法本身的行为。
5. _____是在运行 Controller 与 Action 之前最早运行的过滤器。

二、判断题

1. 控制器在 MVC 模式中起着承上启下的作用，根据用户的输入，需要执行响应行为（动作方法），同时在行为中调用模型的业务逻辑，返回给用户结果（视图）。（ ）
2. 控制器在 MVC 模式中分离了视图和模型，让视图与模型各司其职，控制器只负责数据传送，不负责处理。（ ）
3. 动作过滤器的属性只提供了 1 个 OnActionExecuting 事件。（ ）
4. 结果过滤器（ResultFilter）提供了两个事件并在视图的前后运行，分别是 OnResultExecuting 事件和 OnResultExecuted 事件。（ ）
5. 如果控制器与方法上方都使用了相同的过滤器，那么先执行方法上方的过滤器，再执行控制器上方的过滤器。（ ）

三、选择题

1. 下列选项中，属于控制器作用的是（ ）。
A. 中介作用 　　　 B. 过滤作用 　　　 C. 授权作用 　　　 D. 定义作用
2. 下列选项中，对创建控制器的方式描述不正确的是（ ）。

A.　在类名后添加 "Controller"　　　　B.　在类上方添加 "[Controller]"

C.　继承 Controller 类　　　　　　　D.　在类名后添加 "Action"

3. 下列选项中，对 Action 过滤器的类型描述错误的是（　　）。

A.　授权过滤器（AuthorizationFilter）　　B.　动作过滤器（ActionFilter）

C.　结果过滤器（ResultFilter）　　　　D.　方法过滤器（MainFilter）

4. 下列选项中，对 ActionResult 类的派生类描述不正确的是（　　）。

A.　ViewResult 类　　　　　　　　　B.　RedirectResult 类

C.　FileResult 类等　　　　　　　　D.　Action 类

5. 下列选项中，针对某个 Action 运用了多种过滤器，过滤器的执行顺序描述不正确的是（　　）。

A.　MVC 中的 4 种过滤器的执行顺序是：动作过滤器→授权过滤器→结果过滤器→异常过滤器

B.　如果控制器与方法上方都使用了相同的过滤器，那么先执行控制器上方的过滤器，再执行方法上方的过滤器

C.　Order 属性可以决定过滤器的先后顺序

D.　控制器实现的过滤器接口方法优先执行

四、简答题

1. 请简述控制的作用。

2. 请简述 Action 过滤器的 4 种不同类型。

3. 请通过 ActionResult 实现一个输出文本信息与 JSON 数据的页面。

第 **5** 章

创建数据模型与仓库模式：
处理数据

学习目标

网站最重要的作用就是展示数据，本章将学习如何创建数据模型与仓库模式，以展示网站页面中需要显示的数据，同时对模型数据进行校验。在学习的过程中需要掌握以下内容。

★ 能够创建实体数据模型。

★ 能够创建与初始化数据库。

★ 能够添加 Repository 仓库模式。

★ 能够校验模型数据。

情景导入

张三是一家电子商务公司的网站开发人员，马上要到"双十一"购物狂欢节了，为了刺激用户消费，经理要求他完成在商品展示网页实时显示消费者抢购 NB 手机的数量和抢购者的用户名。张三经过分析得知，经理的要求就是要将数据库中记录的销量数据和用户数据展示到网页上。使用 ADO.NET 就可以实现，实现步骤如图 5-1 所示。

图5-1 ADO.NET操作实现图

图 5-1 中，当用户购买了手机后，用户的姓名、购买手机的数量等信息就会保存到数据库中，此时就需要使用 ADO.NET 对象来查询数据库中购买了手机的用户信息和手机的数量信息，最后展示到网页上。

5.1　创建实体数据模型

当创建一个网站后，如果想要将数据库中的数据显示到网站的页面上，该如何操作呢？此时，MVC 模式给我们提供了一个 Model，也就是实体模型，该模型主要用于描述实体之间的关系。在实体数据模型中可以存放一些数据，用于映射数据库表中字段的属性，从而获取数据库中的数据，并对其进行一系列的操作。本节将对如何创建实体数据模型进行详细讲解。

【知识讲解】

1. 数据模型简介

数据模型是指数据的结构类型和可调用的方法，对于面向对象编程来说，数据模型就是一个类，该类中包含了各种各样的数据属性。这些数据能够映射数据库，从而能够将数据库中相对孤立的数据串联起来，形成数据对象链，进而使用面向对象的方法来编写数据。

从用途方面来说，数据模型的主要操作可划分为获取数据、更新数据、传递数据和保存数据；从系统职责来看，数据模型主要用于处理业务逻辑，可以看作是业务层。视图模型可以直接与视图数据进行绑定，甚至可以在视图上做数据验证。

2. 数据模型的优势

下面从数据模型的性能、成本、效率、质量等方面来介绍数据模型的优势。

（1）性能

良好的数据模型能帮助人们快速查询所需要的数据，减少数据 I/O 流的输入与输出。

（2）成本

良好的数据模型能够极大地减少不必要的数据冗余，也能实现计算结果复用，极大地降低大数据系统中的存储和计算成本。

（3）效率

良好的数据模型能极大地改善用户使用数据的体验，提高数据的使用效率。

（4）质量

良好的数据模型能改善数据统计口径的不一致性，减少数据计算错误的可能性。

3. 如何定义实体数据模型

如果想要定义一个实体数据模型，首先需要创建一个类，然后在该类中定义一些字段，最后创建设置与获取字段信息的方法，除了定义这些模型属性（每个属性对应一个字段）外，还可以在实体数据模型中定义一些业务逻辑，具体语法如下：

```
1    public class 类名{
2        //定义模型属性
3        public int 字段名 { get; set; }
4        public string 字段名 { get; set; }
5        //定义业务逻辑
6        public void ConfirmEmail(string token){
7            if (isTokenValid){
8                this.IsEmailConfirm = true;
9            }
10       }
11   }
```

【动手实践】

下面将创建一个网上订餐项目 Order，接着在该项目中创建一个店铺的实体数据模型 Shop，通过这个案例可以了解如何定义实体数据模型，大家一起动手练练吧。

1. 创建店铺实体数据模型 Shop

在 Visual Studio 中创建一个解决方案名为 Order、项目名为 Order 的 ASP.NET Core MVC 项目，在该项目中的 Models 文件夹中创建一个 Shop 类，该类表示店铺的实体数据模型，在 Shop 类中创建店铺对象所具备的一些属性和方法，具体代码如文件 5-1 所示。

【文件 5-1】　Shop.cs

```
1   namespace Order.Models{
2       public class Shop{
3           public int ShopId { get; set; }                    //店铺 Id
4           public string ShopName { get; set; }               //店铺名称
5           public int SaleNum { get; set; }                   //月售数量
6           public decimal OfferPrice { get; set; }            //起送价格
7           public decimal DistributionCost { get; set; }      //配送费用
8           public string Time { get; set; }                   //配送时间
9           public string Welfare { get; set; }                //店铺福利
10          public string ShopNotice { get; set; }             //店铺公告
11          public string ShopImgUrl { get; set; }             //店铺图片
12          public IEnumerable<Food> Foods { get; set; }       //店铺中的菜品列表
13      }
14  }
```

上述代码中，第 3～12 行代码定义的是模型属性，其中 ShopId、ShopName、SaleNum、OfferPrice、DistributionCost、Time、Welfare、ShopNotice、ShopImgUrl、Foods 都是店铺对象所具备的一些属性对应的字段，这些字段分别表示店铺 Id、店铺名称、月售数量、起送价格、配送费用、配送时间、店铺福利、店铺公告、店铺图片和店铺中的菜品列表，每个字段后面的{}中的内容是获取与设置该字段值的方法，其中 get 表示获取字段的值，set 表示设置字段的值。

2. 创建菜品实体数据模型 Food

在 Order 项目的 Models 文件夹中创建一个 Food 类，该类表示菜品的实体数据模型，在 Food 类中可以创建菜品对象所具备的一些属性和方法，具体代码如文件 5-2 所示。

【文件 5-2】　Food.cs

```
1   namespace Order.Models{
2       public class Food{
3           public int FoodId { get; set; }            //菜品 Id
4           public string FoodName { get; set; }       //菜品名称
5           public string Taste { get; set; }          //菜品口味
6           public int SaleNum { get; set; }           //月销售量
7           public decimal FoodPrice { get; set; }     //菜品价格
8           public string FoodPic { get; set; }        //菜品图片
9           public int ShopId { get; set; }            //店铺 Id
10      }
11  }
```

上述代码中，第 3～9 行代码定义的是模型属性，其中 FoodId、FoodName、Taste、SaleNum、FoodPrice、FoodPic、ShopId 都是菜品对象所具备的一些属性对应的字段，这些字段分别表示菜品 Id、菜品名称、菜品口味、月销售量、菜品价格、菜品图片和店铺 Id。

【拓展学习】

实体数据模型中除了有模型属性外，还可以有业务逻辑，下面以一个学生实体数据模型为例，来看一下实体数据模型中的业务逻辑代码。

首先创建一个解决方案名为 Chapter05、项目名为 EntityClass 的 ASP.NET Core MVC 项目，然后在该项目中的 Models 文件夹中创建一个 Student 类（学生类），最后在该类中创建学生对象所具备的一些属性和方法，具体代码如文件 5-3 所示。

【文件 5-3】　Student.cs

```
1   public class Student{                       //数据模型类
```

```
2       //模型属性
3       public int Id { get; set; }              //学生 Id
4       public string Name { get; set; }          //姓名
5       public int Age { get; set; }              //年龄
6       public string Sex { get; set; }           //性别
7       public decimal Phone { get; set; }        //电话
8       public string Email { get; set; }         //邮箱
9       public bool IsEmailConfirm { get; set; }  //判断是否是邮箱
10      //业务逻辑
11      public void ConfirmEmail(string token){
12          if (isTokenValid){
13              this.IsEmailConfirm = true;
14          }
15      }
16  }
```

上述代码中，第 3~9 行代码表示模型属性，都是学生对象所具备的一些属性对应的字段；第 11~15 行代码是业务逻辑代码，通过定义一个 ConfirmEmail() 方法判断当前填写的邮箱是否有效。

5.2　创建数据库

数据库可以简单理解为一个存储数据的软件，该软件可以高效灵活地管理数据。本书中使用的数据库是 SQL Server 数据库，将该数据库与 Visual Studio 工具结合可以高效地开发网站。本节将对如何创建数据库进行详细讲解。

【知识讲解】

1. 什么是 Entity Framework Core

Entity Framework Core 框架主要用于连接、创建、初始化数据库，并通过程序包管理器控制台（Package Manager Console）工具对数据库进行变更，完成数据迁移。

2. Entity Framework Core 的特点

Entity Framework Core（EFCore）框架在 NuGet 上的包的名称为 Microsoft.EntityFrameworkCore，安装该库时需要安装 4 个包，分别是 Microsoft.EntityFrameworkCore、Microsoft.EntityFrameworkCore.Design、Microsoft.EntityFrameworkCore.Tools、Microsoft. EntityFrameworkCore.SqlServer，这 4 个包的详细信息如表 5-1 所示。

表 5-1　Entity Framework Core 框架中的 4 个包

包名	描述
Microsoft.EntityFrameworkCore	Entity Framework Core 包
Microsoft.EntityFrameworkCore.Design	为 EFCore 框架提供设计时的工具
Microsoft.EntityFrameworkCore.Tools	为 EFCore 框架提供合并、更新、删除数据的工具
Microsoft.EntityFrameworkCore.SqlServer	为 EFCore 框架提供 SQL Server 驱动

Entity Framework Core（EFCore）框架有以下几个特点。

- 跨平台：EFCore 框架可以跨平台运行在 Windows、Linux、Mac 系统上。
- 建模：EFCore 框架可以创建具有不同数据类型的属性的实体数据模型，它将会使用所创建的实体数据模型查询或保存底层的数据。
- 查询、更改、保存数据：EFCore 框架允许使用 LINQ 语言（一门查询语言，与 SQL 类似）从底层检索数据，它也会跟踪提交到数据库中的数据，并且 EFCore 框架还可以调用 SafeChange() 方法和 SafeChangeasync() 方法异步对数据进行提交和保存。

● 并发：在默认情况下 EFCore 框架将使用乐观锁（在【拓展学习】会介绍）来避免所做的操作被其他用户的操作所覆盖。

● 事务：EFCore 框架在查询或保存数据时，将会自动执行事务管理。

● 缓存：EFCore 框架会提供第一级的缓存，所以重复查询时将会从缓存中查询数据，而不是再次访问数据库。

● 数据迁移：EFCore 框架还提供了强大的数据迁移工具，可以在程序包管理器控制台中通过执行命令来创建或者管理底层的数据库。

【动手实践】

下面创建一个 Order 项目，在该项目中添加 EFCore 框架，通过该框架创建并初始化数据库，添加与使用 EFCore 框架的具体步骤如下。

1. 添加 EFCore 框架

首先选中 Order 项目，右键单击选择【管理 NuGet 程序包(N)...】选项，如图 5-2 所示。

单击图 5-2 中的【管理 NuGet 程序包(N)...】选项，会弹出 NuGet 包管理器窗口，如图 5-3 所示。

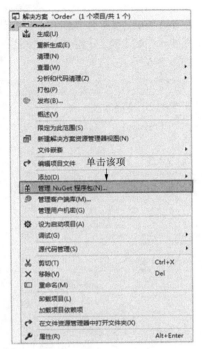

图5-2　选择【管理NuGet程序包（N）...】选项

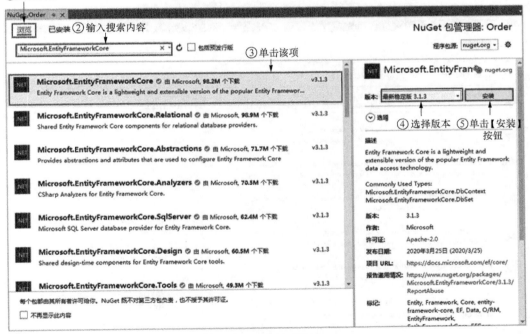

图5-3　NuGet包管理器窗口

图 5-3 中有 5 个步骤，应按顺序依次执行。其中，①表示选择【浏览】选项，②表示在输入框中输入要搜索的内容"Microsoft.EntityFrameworkCore"，③表示单击需要安装的包，④表示选择安装包的版本，⑤表示

单击【安装】按钮。

单击图 5-3 中的【安装】按钮后，会弹出一个"预览更改"对话框，如图 5-4 所示。

单击图 5-4 中的【确定】按钮，会弹出一个"接受许可证"对话框，该对话框询问是否同意程序包许可证条款，如图 5-5 所示。

单击【确定】按钮

图5-4 "预览更改"对话框

单击【我接受】按钮

图5-5 "接受许可证"对话框

单击图 5-5 中的【我接受】按钮后，开始安装 Microsoft.EntityFrameworkCore 包，安装成功后如图 5-6 所示。

图5-6 安装成功后的显示

Microsoft.EntityFrameworkCore 包安装成功后，在 NuGet 包管理器窗口中会显示已安装的包信息及其版本号，如图 5-6 所示，在版本号后面显示【卸载】按钮和【更新】按钮。

接着以同样的步骤安装 Microsoft. EntityFrameworkCore.Design 包、Microsoft.Entity-FrameworkCore.Tools 包和 Microsoft.Entity-FrameworkCore. SqlServer 包。安装完这些包之后，在项目中的依赖项下面的包中可以看到安装成功的 4 个包信息，如图 5-7 所示。

图5-7　安装成功的包信息

2. 创建 AppDbContext 类

由于需要创建一个与数据库之间的连接器，因此需要创建一个数据库上下文的类 AppDbContext，在该类中定义需要映射到数据库中的数据模型。首先在 Order 项目的 Models 文件夹中创建一个继承自 DbContext 的 AppDbContext 类，然后在该类中定义需要映射到数据库的店铺模型和菜品模型，具体代码如文件 5-4 所示。

【文件 5-4】　AppDbContext.cs

```
1  namespace Order.Models{
2      public class AppDbContext : DbContext{
3          public AppDbContext(DbContextOptions<AppDbContext> options) :
4          base(options){}
5          public DbSet<Shop> Shops { get; set; } //店铺数据模型
6          public DbSet<Food> Foods { get; set; } //菜品数据模型
7      }
8  }
```

3. 设置与调用数据库配置信息

（1）设置数据库的配置信息

首先在项目 Order 中找到 appsettings.json 文件，该文件可以设置数据库的配置信息，然后将该文件的内容替换为数据库的配置信息，具体替换内容如下：

```
1  {
2    "ConnectionStrings": {
3      "DefaultConnection": "Server=CZBK-20190302ZQ\\MSSQLSERVER2012;
4                            Database=OrderDb;User ID=sa;Password=123456"
5    }
6  }
```

上述代码中，数据库配置信息的名称为 DefaultConnection，Database 的值为数据库的名称，此处设置为 OrderDb。

需要注意的是，此处连接的是已提前安装好的 SQL Server 2012 版本的 Microsoft SQL Server Management Studio 软件。运行程序时，需要确保 SQL Server 是以 SQL Server 身份验证登录的状态。

（2）调用数据库配置信息

ASP.NET MVC 程序会自动识别项目中的 appsettings.json 文件，调用该文件的配置信息，在该配置信息中获取数据库的配置信息 DefaultConnection。接下来我们来获取与调用数据库的配置信息，在 Order 项目中找到 Startup.cs 文件，在该文件中定义一个获取配置信息的方法，具体代码如下：

```
1  public class Startup{
2    ......
3    public Startup(IConfiguration configuration){ //将数据库配置信息注入系统
4        Configuration = configuration;
5    }
6    public IConfiguration Configuration { get; } //获取数据库配置信息
7    public void ConfigureServices(IServiceCollection services){
8    //调用数据库配置信息
9    services.AddDbContext<AppDbContext>(options => options.UseSqlServer(
```

```
10                    Configuration.GetConnectionString("DefaultConnection")));
11    ......
12    }
13    ......
14 }
```

上述代码中，第 3～5 行代码定义了一个 Startup 类的构造函数，通过该函数将数据库配置信息对象 configuration 注入 IOC 容器中；第 6 行代码定义了一个数据库配置信息的字段 Configuration，由于数据库的配置信息只能读取，不可进行修改，因此该字段只设置一个 get()方法即可，用于获取数据库的配置信息；第 9～10 行代码首先调用 GetConnectionString()方法获取数据库的配置信息，然后通过 AddD bContext<AppDbContext>() 方法将配置信息添加到 services 服务中，AddDbContext<AppDbContext>()方法中传递的是一个 Lambda 表达式。

需要注意的是，IOC 容器就是具有依赖注入功能的容器，在该容器中可以创建对象，IOC 容器负责实例化、定位、配置应用程序中的对象以及建立这些对象间的依赖，项目 Order 中的 IOC 容器为 Startup 类。

4. 创建与初始化数据库

EFCore 框架是微软开发的强大的数据库调用工具，不仅可以获取数据库的更新数据，还可以帮助我们创建并初始化数据库。下面通过 EFCore 框架的数据迁移（Mygration）功能来新建数据库，在使用这个功能之前必须先构建（Build）项目，也就是选中项目右键单击，选择【生成】（Build）选项。构建完项目后，EFCore 框架才能通过数据库上下文对象找到各种模型的引用。使用数据迁移功能创建数据库 OrderDb 的具体步骤如下。

（1）创建数据迁移代码

在 Visual Studio 中，选择【视图(V)】→【其他窗口(E)】→【程序包管理器控制台(O)】选项，如图 5-8 所示。

图5-8　选择程序包管理器控制台

单击图 5-8 中的【程序包管理器控制台(O)】选项后，在 Visual Studio 工具的下方会弹出一个"程序包管理器控制台"窗口，如图 5-9 所示。

图5-9　"程序包管理器控制台"窗口

在程序包管理器控制台中输入"add-migration InitMigration"命令，按【Enter】键几秒后，控制台会提示"Build started..."，表示开始构建程序；接着提示"Build succeeded"，表示构建成功。执行构建程序的输出信息息如图 5-10 所示。

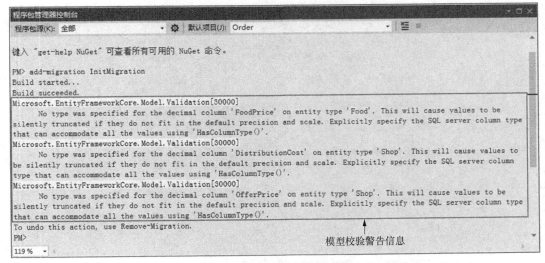

图5-10　执行构建程序的输出信息

由于所创建的 Food 模型和 Shop 模型中，没有为字段 FoodPrice、DistributionCost、OfferPrice 添加模型校验，因此在程序包管理器控制台中会输出模型校验的警告信息，暂时不处理此信息。模型校验会在 5.4 节中讲解到，此处暂不添加模型校验。

程序构建成功后，会在项目中自动创建一个 Migrations 文件夹，在该文件夹中自动生成一个文件"当前时间_InitMigration.cs"，如图 5-11 所示。

打开图 5-11 中的 20200513035810_InitMigration.cs 文件，在该文件中重写 Up()方法和 Down()方法，Up()方法用于执行数据库变化的操作，Down()方法用于删除创建的数据库表。核心代码如文件 5-5 所示。

图5-11　Migrations文件夹

【文件 5-5】　20200513035810_InitMigration.cs

```
1   namespace Order.Migrations{
2     public partial class InitMigration : Migration{
3       protected override void Up(MigrationBuilder migrationBuilder){
4         migrationBuilder.CreateTable(
5           name: "Foods",
6           columns: table => new{
7             FoodId = table.Column<int>(nullable: false)
8                         .Annotation("SqlServer:Identity", "1, 1"),
9             FoodName = table.Column<string>(nullable: true),
10            Taste = table.Column<string>(nullable: true),
11            SaleNum = table.Column<int>(nullable: false),
12            FoodPrice = table.Column<decimal>(type: "decimal(18,2)",
13                                                    nullable: false),
14            FoodPic = table.Column<string>(nullable: true)
15          },
16          constraints: table =>
17          {
18            table.PrimaryKey("PK_Foods", x => x.FoodId);
19          });
20        migrationBuilder.CreateTable(
21          name: "Shops",
22          columns: table => new{
23            ShopId = table.Column<int>(nullable: false)
24                        .Annotation("SqlServer:Identity", "1, 1"),
25            ShopName = table.Column<string>(nullable: true),
26            SaleNum = table.Column<int>(nullable: false),
27            OfferPrice = table.Column<decimal>(type: "decimal(18,2)",
28                                                    nullable: false),
29            DistributionCost = table.Column<decimal>(type:
30                                "decimal(18,2)", nullable: false),
31            Time = table.Column<string>(nullable: true),
32            Welfare = table.Column<string>(nullable: true),
33            ShopNotice = table.Column<string>(nullable: true),
34            ShopImgUrl = table.Column<string>(nullable: true)
35          },
36          constraints: table =>
37          {
38            table.PrimaryKey("PK_Shops", x => x.ShopId);
39          });
40      }
41      protected override void Down(MigrationBuilder migrationBuilder){
42        migrationBuilder.DropTable(name: "Foods");
43        migrationBuilder.DropTable(name: "Shops");
44      }
45    }
46  }
```

上述代码中，第 3～40 行代码重写了 Up() 方法，在该方法中实现创建表 Foods 和表 Shops 的操作；

第 5 行、第 21 行代码分别表示要创建的表名称，即 Foods 和 Shops；

第 6～15 行代码用于创建表 Foods 中的列信息，第 22～35 行代码用于创建表 Shops 中的列信息；

第 16～19 行代码通过调用 PrimaryKey() 方法设置表 Foods 的主键为 FoodId；

第 36～39 行代码通过调用 PrimaryKey() 方法设置表 Shops 的主键为 ShopId；

第 41～44 行代码重写了 Down() 方法，在该方法中通过调用 DropTable() 方法删除表 Foods 和表 Shops。此时创建数据库表的数据迁移代码已经完成。

（2）创建数据库

创建好数据迁移代码后，接着需要执行数据迁移代码来创建数据库。首先在程序包管理器控制台中输入 "update-database" 命令，然后按【Enter】键，此时程序包管理器控制台就会执行刚刚创建的 20200513035810_ InitMigration.cs 文件中的 Up() 方法来执行数据迁移，并创建数据库和数据库的表，执行数据迁移后的输出信息如图 5–12 所示。

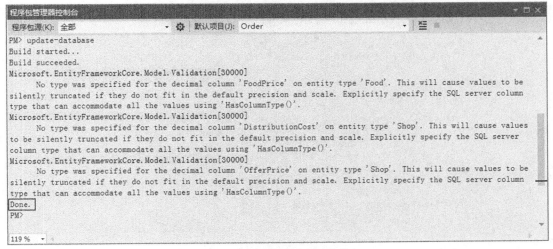

图5–12　执行数据迁移后的输出信息

当执行数据迁移代码后，如果程序包管理器控制台中出现英文单词 Done，说明数据库创建或更新完毕，此时的数据库已可以使用。

接着查看一下创建好的数据库 OrderDb，打开 SQL Server 对象资源管理器，如图 5–13 所示。

在图 5–13 中的 SQL Server 对象资源管理器窗口中可以看到所创建好的数据库 OrderDb，以及该数据库中的表 Foods 和表 Shops。

5. 向 OrderDb 数据库中添加数据

创建完 OrderDb 数据库和数据库表后，接下来向数据库中添加店铺数据和菜品数据，具体步骤如下。

（1）添加店铺图片与菜品图片

在项目中的 wwwroot 文件夹中创建一个 images 文件夹，该文件夹用于存放项目中的图片。在 images 文件夹中创建 shop 文件夹和 food 文件夹，这 2 个文件夹分别用于存放店铺图片和菜品图片，接着将店铺图片和菜品图片导入到这 2 个文件夹中。

（2）添加店铺数据

在 Order 项目的 Models 文件夹中创建一个数据库的初始化工具类 DbInitializer，在该类中定义一个 ShopData()方法，该方法用于添加店铺数据信息，具体代码如文件 5–6 所示。

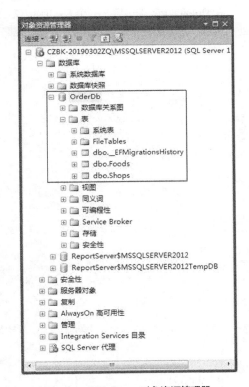

图5–13　SQL Server对象资源管理器

【文件 5-6】　DbInitializer.cs(1)

```
1    ......
2    namespace Order.Models{
3        public class DbInitializer{
4            public static void ShopData(AppDbContext context){
5                if (context.Shops.Any()){
6                    return;
7                }
```

```
8              context.AddRange
9              (
10                 new Shop { ShopName = "蛋糕房", Welfare = "进店可获得一个香
11                 草冰淇淋", ShopNotice = "公告，下单后 2～5 小时送达，请耐心等候。",
12                             ShopImgUrl = "/images/shop/shop1.png" },
13                 new Shop { ShopName = "爪哇咖啡.西餐.酒吧", Welfare = "
14                 进店即可送一杯拿铁咖啡", ShopNotice = "公告：本店周一到周五所有套餐
15                 打八折，送咖啡。", ShopImgUrl = "/images/shop/shop2.png" },
16                 new Shop { ShopName = "必胜客", Welfare = "下单即可获得一
17                 个￥5 优惠券", ShopNotice = "公告：狂欢尽兴 必胜有礼 5 折开抢。",
18                             ShopImgUrl = "/images/shop/shop3.png" },
19                 new Shop { ShopName = "艾尚夜宵", Welfare = "下单即可获得
20                 一个￥15 优惠券", ShopNotice = "公告：本店赠送爱心早餐。",
21                             ShopImgUrl = "/images/shop/shop4.png" },
22                 new Shop { ShopName = "上岛咖啡", Welfare = "下单即可获得一
23                 个￥30 优惠券", ShopNotice = "公告：本店牛排买一送一。",
24                             ShopImgUrl = "/images/shop/shop5.png" }
25             );
26             context.SaveChanges(); //保存数据
27         }
28     }
29 }
```

（3）添加菜品数据

在 DbInitializer 类中定义一个 FoodData()方法，该方法用于添加菜品数据信息，由于菜品数据比较多，此处只显示一部分数据信息，添加菜品数据的部分代码如文件 5-7 所示。

【文件 5-7】   DbInitializer.cs(2)

```
1  ......
2  namespace Order.Models{
3     public class DbInitializer{
4         ......
5         public static void FoodData(AppDbContext context){
6             if (context.Foods.Any()){
7                 return;
8             }
9             context.AddRange
10            (
11                new Food { FoodName = "招牌丰收硕果 12 寸", Taste = "水果、
12                         奶油、面包、鸡蛋", SaleNum = 50, FoodPrice=198,
13                         FoodPic = "/images/food/food1.png",ShopId=1 },
14                new Food { FoodName = "玫瑰花创意蛋糕", Taste = "玫瑰花、奶油、
15                            鸡蛋", SaleNum = 100, FoodPrice = 148,
16                         FoodPic = "/images/food/food2.png",ShopId=1 },
17                new Food { FoodName = "布朗熊与可妮", Taste = "奶油、巧克力、
18                            果粒夹层", SaleNum = 80, FoodPrice = 90,
19                         FoodPic = "/images/food/food3.png",ShopId=1 },
20                ......
21            );
22            context.SaveChanges(); //保存数据
23         }
24     }
25 }
```

（4）调用 DbInitializer 类中的代码

添加完店铺数据和菜品数据后，需要执行 DbInitializer 类中的方法，将店铺数据和菜品数据添加到数据库中。首先打开 Program.cs 文件，找到 Main()方法，在该方法中先完成数据的添加工作，该工作需要在程序启动前执行。Program.cs 文件中添加的具体代码如文件 5-8 所示。

【文件 5-8】   Program.cs

```
1  ......
2  namespace Order{
3     public class Program{
4         public static void Main(string[] args){
```

```
5              var host = CreateHostBuilder(args).Build();
6              using (var scope = host.Services.CreateScope()){
7                  var services = scope.ServiceProvider;
8                  try{
9                      var context = services.GetRequiredService<AppDbContext>();
10                     DbInitializer.ShopData(context);
11                     DbInitializer.FoodData(context);
12                 }catch (Exception){
13                     //故意留空，以后可以添加日志
14                 }
15             }
16             host.Run();
17         }
18         ......
19     }
20 }
```

上述代码中，第 5 行代码通过调用 Build()方法获取托管服务器 host；

第 7～9 行代码首先通过访问系统的依赖容器 ServiceProvider 来获取服务 services，然后调用服务中的 GetRequiredService<AppDbContext>()方法来获取数据访问的上下文对象 context；

第 10～11 行代码通过调用 DbInitializer 类的 ShopData()方法和 FoodData()方法来分别向数据库添加店铺数据和菜品数据信息。最后无论数据是否添加成功，都不能因为数据影响到项目的运行，因此最后在第 16 行代码中调用托管服务器 host 的 Run()方法让项目运行起来。

（5）数据添加成功的效果

此时创建数据库的准备工作已完成，运行项目，运行效果如图 5-14 所示。

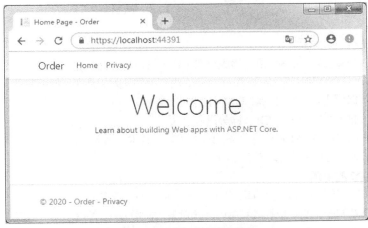

图5-14　运行效果（欢迎页面）

关闭欢迎页面，打开 Visual Studio 工具中的 SQL Server 对象资源管理器，在该窗口中打开数据库 OrderDb 中的表 Foods 和表 Shops。可以看到这 2 个表中添加的数据信息，Shops 表中的数据如图 5-15 所示，Foods 表中的数据如图 5-16 所示。

CZBK-20190302ZQ\MSSQLSERVER2012.OrderDb - dbo.Shops

ShopId	ShopName	SaleNum	OfferPrice	DistributionC...	Time	Welfare	ShopNotice	ShopImqUrl
1	蜜糕房	996	100.00	5.00	配送约2-5小时	进店可获得一...	公告，下单后2～5小...	/images/shop/shop1.png
2	爪哇咖啡.西餐...	11	20.00	7.00	配送约40分钟	下单即可送一...	公告：本店周一到周...	/images/shop/shop2.png
3	必胜客	996	100.00	5.00	配送约20分钟	下单即可获得...	公告：狂欢尽兴 必胜...	/images/shop/shop3.png
4	艾尚夜宵	496	20.00	13.00	配送约42分钟	下单即可送一...	公告：本店赠送爱心...	/images/shop/shop4.png
5	上岛咖啡	300	30.00	10.00	配送约30分钟	下单即可获得...	公告：本店牛排买一...	/images/shop/shop5.png
NULL	NULL	NULL	NULL	NULL	NULL	NULL	NULL	NULL

1 /5 单元格是只读的。

图5-15　Shops表中的数据

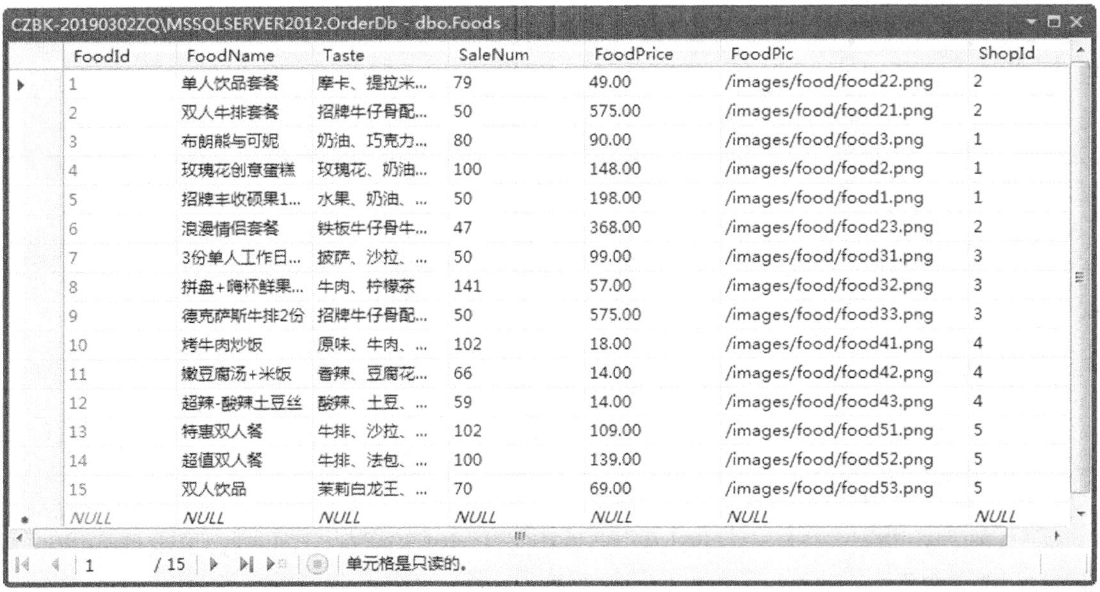

图5-16　Foods表中的数据

至此，数据库 OrderDb 已经创建完成，同时也为数据库中的店铺表 Shops 和菜品表 Foods 添加了数据。

【拓展学习】

1. LINQ 简介

LINQ（Language Integrated Query，语言集成查询）是一门查询语言，与 SQL 类似，通过一些关键字的组合，实现最终的查询。LINQ 可以为 C#和 Visual Basic 语言提供强大的查询功能，并且引入了标准的、易于学习的查询和更新数据模式。我们可以对 LINQ 技术进行扩展，以支持几乎所有类型的数据存储。LINQ 主要支持.NET Framework 下的 C#、VB.NET、F#等语言。

需要注意的是，LINQ 是在.NET Framework 3.5 中出现的技术，因此在创建项目时必须选 3.5 或 3.5 以上的.NET Framework 版本，否则程序无法使用 LINQ 技术。

2. using 关键字的使用

using 关键字不仅可用于添加命名空间，而且可用来释放非托管资源。用于数据库连接的代码属于非托管代码，无法进行自动销毁，当在数据库相关的连接对象前使用 using 关键字时，可以使数据库连接对象在使用后自动释放。需要注意的是，为了保证数据处理的安全性，通常在使用 using 关键字时都会加入 try-catch 异常处理。

3. 并发控制

当程序中出现并发情况时，需要通过一定的手段来保证并发情况下数据的准确性，通过这种手段保证当前用户与其他用户一起操作时，所得到的结果与用户单独操作时的结果一致。这种情况就称为并发控制，并发控制的目的是保证一个用户的工作不会对另一个用户的工作产生影响。实现并发控制的主要手段大致可以分为悲观并发控制（悲观锁）和乐观并发控制（乐观锁）两种，具体介绍如下。

（1）悲观锁

当要对数据库中的一条数据进行修改时，为了避免数据同时被其他人修改，最好的办法就是直接对该数据加锁以防止并发情况出现。此操作借助的是数据库锁的机制，在修改数据之前先锁定数据再修改数据的方式称为悲观并发控制（Pessimistic Concurrency Control，PCC），又称悲观锁（Pessimistic Locking）。

（2）乐观锁

乐观锁（Optimistic Locking）是相对于悲观锁而言的，乐观锁是假设数据在一般情况下不会造成数据并发冲突。在数据进行提交更新时，才会正式对数据冲突与否进行检测，如果发现了冲突，则返回给用户错误的信息，让用户选择如何操作。

在对数据库进行处理时，乐观锁并不会使用数据库提供的锁机制。一般实现乐观锁的方式就是记录数据版本。

5.3　添加 Repository 仓库模式

当通过数据模型将数据存放到数据库后，如何从数据库中获取数据呢？之前通常会使用 JDBC、ADO.NET、ORM 等来获取数据库中的数据，而目前主流的数据持久化模式为 Repository 仓库模式，本节将详细讲解如何通过 Repository 仓库模式来获取数据库中的数据。

【知识讲解】

1. Repository 仓库模式简介

目前比较主流的数据持久化模式为 Repository 仓库模式，Repository 仓库模式可以通过使用对象化的模式来获取数据，而不用知道数据是如何保存的，甚至可以忽略数据的存储形式和数据库的类型。

2. 使用 Repository 仓库模式

如果想要使用 Repository 仓库模式，首先需要创建一个实体类，其次创建仓库接口，然后创建实现仓库接口的类，具体步骤如下。

（1）创建实体类

以学生为例，创建一个学生实体类 Student，在该类中创建学生的编号和姓名对应的属性 Id 和 Name，接着给这 2 个属性设置 get 方法和 set 方法用于获取和设置属性的值，具体代码如下：

```
1  public class Student{
2      public int Id { get; set; }
3      public string Name { get; set; }
4  }
```

（2）创建仓库接口

只要通过数据仓库的映射机制就可以轻松地将数据转换为对象提供给程序使用，因此需要创建一个仓库接口，以学生仓库为例，具体示例代码如下：

```
1  namespace ActionResult.Models{
2      public interface IStudentResspository{
3          IEnumerable<Student> GetStudents();
4          Student GetStudentById(int Id);
5      }
6  }
```

上述接口中会高度抽象数据的持久化业务，数据的获取、修改、保存等各种细节会被隐藏起来，封装后的数据库将会以最简单的 API 执行数据的操作。例如上述示例中创建的接口中有 2 个 API，第 1 个 API 是 GetStudents()方法，用于获取全部的学生信息；第 2 个 API 是 GetStudentById()方法，用于根据学生的 Id 获取学生的信息。

（3）实现仓库接口

在实现仓库接口之前需要先创建一个数据库的上下文类 AppDbContext，用于获取数据库中的学生数据信息，具体示例代码如下：

```
1  public class AppDbContext : IdentityDbContext<IdentityUser>{
2      public AppDbContext(DbContextOptions<AppDbContext> options) :
3      base(options){}
4      public DbSet<Student> Students { get; set; }
5  }
```

　　接着在项目的 Models 文件夹中创建一个 StudentRespository 类，该类用于实现学生仓库的接口，具体示例代码如下：

```
1    public class StudentRespository : IStudentRespository{
2        private readonly AppDbContext _context;
3        public StudentRespository(AppDbContext appDbContext){
4            _context = appDbContext; //获取数据库上下文对象
5        }
6        public Student GetStudentById(int Id){ //根据学生 Id 获取学生对象
7            return _context.Students.FirstOrDefault(n => n.Id == Id);
8        }
9        public IEnumerable<Student> GetStudents(){ //获取所有学生信息
10           return _context.Students;
11       }
12   }
```

　　上述代码中，第 3～5 行代码定义了 StudentRespository 类的构造函数，并在该构造函数中接收了传递过来的数据库上下文对象 appDbContext；

　　第 6～8 行代码实现了 IStudentRespository 接口中的 GetStudentById()方法，该方法用于根据学生 Id 获取对应的学生信息；

　　第 9～11 行代码实现了 IStudentRespository 接口中的 GetStudents()方法，该方法用于获取数据库中的所有学生信息。

3. 模型与数据仓库的优势

　　模型与数据仓库有以下 3 个优势，具体如下。

　　（1）业务逻辑与数据模型紧密耦合，减少了分层，降低了代码数量。

　　（2）完全剥离数据库业务，程序员可以更专注于实现业务逻辑。

　　（3）面向对象编程，将数据转换为对象，更符合程序员的思考方式。

【动手实践】

　　前面我们创建了网上订餐项目的数据库 OrderDb，并向数据库表 Shops 和 Foods 中分别添加了店铺数据和菜品数据，接下来需要针对实体数据模型 Shop 和 Food 创建 2 个仓库模式（Repository），即创建对应的仓库接口和实现仓库接口的实体类，下面一起来动手实现一下吧。

1. 创建店铺仓库接口 IShopRepository

　　在 Order 项目的 Models 文件夹中创建一个店铺仓库接口 IShopRepository，在该接口中创建获取店铺信息的方法，具体代码如文件 5-9 所示。

【文件 5-9】　IShopRepository.cs

```
1    namespace Order.Models{
2        public interface IShopRepository{
3            IEnumerable<Shop> GetAllShops(); //获取所有店铺信息
4            Shop GetShopById(int id);        //根据店铺 Id 获取店铺信息
5        }
6    }
```

　　上述代码中，第 3 行代码定义了一个 GetAllShops()方法，该方法用于获取数据仓库中的所有店铺信息。GetAllShops()方法的返回值是一个泛型类型为 Shop 的集合数据，在 C#中提供了专门用于处理数据集合的泛型接口 IEnumerable；第 4 行代码定义了一个 GetShopById()方法，该方法用于根据店铺 Id 获取对应的店铺信息，其返回值是一个店铺对象 Shop。

2. 创建菜品仓库接口 IFoodRepository

　　在 Order 项目的 Models 文件夹中创建一个菜品仓库接口 IFoodRepository，在该接口中可以创建获取菜品信息的方法，具体代码如文件 5-10 所示。

【文件 5-10】　IFoodRepository.cs

```
1  namespace Order.Models{
2    public interface IFoodRepository{
3      //获取指定店铺的所有菜品信息
4      IEnumerable<Food> GetFoodsByShopId(int ShopId);
5      Food GetFoodById(int id);  //根据菜品 Id 获取菜品信息
6      IEnumerable<Food> GetAllFoods(); //获取所有菜品信息
7    }
8  }
```

上述代码中，第 4 行代码定义了一个 GetFoodsByShopId()方法，该方法用于根据店铺 Id 获取该店铺中的所有菜品信息，其返回值是所有菜品信息的一个集合数据；第 5 行代码定义了一个 GetFoodById()方法，该方法用于根据菜品 Id 获取对应的菜品信息，其返回值是一个菜品对象 Food。

3. 实现店铺仓库接口

在 Order 项目的 Models 文件夹中创建一个实现店铺仓库接口 IShopRepository 的类 ShopRepository，在该类中实现接口 IShopRepository 中的所有方法，具体代码如文件 5–11 所示。

【文件 5-11】　ShopRepository.cs

```
1  namespace Order.Models{
2    public class ShopRepository : IShopRepository{
3      private readonly AppDbContext _context;
4      public ShopRepository(AppDbContext appDbContext){
5        _context = appDbContext;
6      }
7      public Shop GetShopById(int Id){
8        return _context.Shops.FirstOrDefault(n => n.ShopId == Id);
9      }
10     public IEnumerable<Shop> GetAllShops(){
11       return _context.Shops;
12     }
13   }
14 }
```

上述代码中，第 3 行代码定义了一个数据库的连接对象_context，由于该数据库的连接对象只允许有一个，因此用 readonly 来修饰，也就是该连接对象是只读的；

第 4～6 行代码定义了一个构造函数 ShopRepository()，该构造函数用于传递数据库的上下文对象 appDbContext；

第 7～9 行代码定义了一个 GetShopById()方法，该方法可根据店铺 Id 获取店铺的信息；

第 10～12 行代码定义了一个 GetAllShops()方法，该方法用于获取所有店铺的信息。

4. 实现菜品仓库接口

在 Order 项目的 Models 文件夹中创建一个实现菜品仓库接口 IFoodRepository 的类 FoodRepository，在该类中实现接口 IFoodRepository 中的所有方法，具体代码如文件 5–12 所示。

【文件 5-12】　FoodRepository.cs

```
1  namespace Order.Models{
2    public class FoodRepository : IFoodRepository{
3      private readonly AppDbContext _context;
4      public FoodRepository(AppDbContext appDbContext){
5        _context = appDbContext;
6      }
7      public IEnumerable<Food> GetAllFoods(){
8        return _context.Foods;
9      }
10     public Food GetFoodById(int id){
11       return _context.Foods.FirstOrDefault(n => n.FoodId == id);
12     }
13     public IEnumerable<Food> GetFoodsByShopId(int shopId)
14     {
15       IEnumerable<Food> foods = GetAllFoods();
```

```
16            List<Food> foodList = new List<Food>();
17            foreach (var food in foods){
18                if (food.ShopId == shopId){
19                    foodList.Add(food);
20                }
21            }
22            return foodList;
23        }
24    }
25 }
```

上述代码中，第 7~9 行代码定义了一个 GetAllFoods()方法，该方法用于获取所有菜品信息，其返回值是所有菜品信息的一个集合数据；第 10~12 行代码定义了一个 GetFoodById()方法，该方法用于根据菜品 Id 获取对应的菜品信息，其返回值是一个菜品对象 Food，其中，FirstOrDefault()方法中使用 Lambda 表达式来根据菜品 Id 搜索菜品信息，n 表示 Food。

5. 将店铺和菜品数据注入 IOC 容器中

由于需要将店铺和菜品数据注入 IOC 容器中，因此在项目的 Startup.cs 文件中，找到 ConfigureServices()方法，在该方法中通过调用 AddTransient()方法将店铺和菜品数据注入 IOC 容器中，具体代码如下：

```
1  ......
2  public class Startup{
3      public Startup(IConfiguration configuration){
4          Configuration = configuration;
5      }
6      public IConfiguration Configuration { get; }
7      public void ConfigureServices(IServiceCollection services){
8          ......
9          //将店铺与菜品数据与接口注册到系统的依赖注入容器中
10         services.AddTransient<IShopRepository, ShopRepository>();
11         services.AddTransient<IFoodRepository, FoodRepository>();
12     }
13     ......
14 }
```

【拓展学习】

我们需要同时在店铺详情界面显示店铺详情信息和菜品列表信息，要想让这 2 种类型的信息同时显示在同一个页面，需要使用 ViewModel 模型来组合不同的数据，并使用 ViewModel 模型与视图进行数据绑定。下面创建店铺详情界面的 ViewModel 模型，具体步骤如下。

首先在 Order 项目中创建一个 ViewModels 文件夹，其次在该文件夹中创建一个名为 ShopDetailViewModel 的类，然后在该类中定义店铺与菜品的集合变量，并为这 2 个变量设置 get()与 set()方法，具体代码如文件 5-13 所示。

【文件 5-13】　ShopDetailViewModel.cs

```
1  namespace Order.ViewModels{
2      public class ShopDetailViewModel{
3          public IList<Shop> Shops { get; set; }
4          public IList<Food> Foods { get; set; }
5      }
6  }
```

5.4　验证模型数据

在 ASP.NET MVC 项目中经常会对用户输入的信息进行验证，为了安全起见，一般都会在客户端进行 JavaScript 验证，在服务端进行安全验证。书写验证代码是一个比较烦琐的过程，在 ASP.NET MVC 项目中利用模型的数据注解就能很容易地实现客户端与服务端的双重验证，使开发效率极大提高，下面将对模型数据的验证进行详细讲解。

【知识讲解】

1. 模型数据的验证特性

模型数据的验证是通过对数据的注解来验证的，从全局来看，数据的逻辑性仅是整个验证过程的一小部分。验证首先需要管理逻辑相关的错误提示信息，当验证失败时，把这些错误提示信息展示到界面上供用户查看，当然还要在界面上向用户提供如何从验证失败中恢复的机制信息。

数据注解是一种通用的机制，用于向框架注入元数据（描述数据的数据），同时框架不仅可驱动元数据的验证，而且还可以在生成显示和编辑模型的 HTML 标记时使用元数据（模型上方的特定标识符）。

2. 内置验证特性

数据注解特性定义在 System.ComponentModel.DataAnnotations 中，它提供了服务器端的验证，当模型属性上方使用这些特性时，框架也支持客户端的验证。部分内置验证特性如表 5-2 所示。

表 5-2　部分内置验证特性

验证特性名称	描述
[CreditCard]	验证属性是否具有信用卡格式，此验证需要 jQuery 验证其他方法
[Compare]	验证模型中的两个属性是否匹配
[EmailAddress]	验证属性是否具有电子邮件格式
[Phone]	验证属性是否具有电话号码格式
[Range]	验证属性值是否在指定的范围内
[RegularExpression]	验证属性值是否与指定的正则表达式匹配
[Required]	验证字段是否不为 NULL
[StringLength]	验证字符串属性值是否不超过指定长度限制
[Url]	验证属性是否具有 URL 格式
[Remote]	通过在服务器上调用操作方法来验证客户端上的输入

如果想知道除表 5-2 外的其他内置验证特性，可以在命名空间 System.ComponentModel. DataAnnotations 中找到验证特性的完整列表。

下面以常用的内置验证特性[Required]、[StringLength]、[RegularExpression]为例，介绍部分内置验证特性的使用方法。

（1）[Required]内置验证特性

当需要指定某个字段的值是必需时，需要使用内置验证特性[Required]，即在验证的属性上面用中括号（[]）将 Required 括起来，然后添加上错误信息，该错误信息是由参数 ErrorMessage 的值来设置的，具体示例代码如下：

```
[Required(ErrorMessage ="*必填项")]
public string userName { get; set; }
```

当字段 userName 的值为空时，程序会提示用户此项为必填项。

（2）[StringLength]内置验证特性

当需要指定某个字段的长度时，需要使用内置验证特性[StringLength]，即在验证的属性上面用中括号（[]）将 StringLength 括起来，然后在该特性中添加限制的长度参数和错误提示信息，具体示例代码如下：

```
[StringLength(5,ErrorMessage ="*用户名不能超过 5 个字符")]
public string userName { get; set; }
```

上述代码中，StringLength()方法中的第 1 个参数 5（字符串中字符的个数）表示字段 userName 值的最大长度，第 2 个参数 ErrorMessage 表示提示错误信息的参数。如果 userName 字段对应的值超过了长度 5，则程序会提示用户名不能超过 5 个字符。

（3）[RegularExpression]内置验证特性

当需要验证某个字段值的正则表达式时，需要使用内置验证特性[RegularExpression]，即在验证的属性上面用中括号（[ ]）将 RegularExpression 括起来，然后在该特性中添加正则表达式和错误提示信息，具体示例代码如下：

```
[RegularExpression(@"^[a-zA-Z0-9_.-]+@[a-zA-Z0-9-]+(\.[a-zA-Z0-9-]+)*\.
[a-zA-Z0-9]{2,6}$", ErrorMessage = "*邮箱格式错误")] //正则表达式
public string Email { get; set; }
```

上述代码中，RegularExpression()方法中的第 1 个参数表示验证邮箱的正则表达式，第 2 个参数 ErrorMessage 表示提示错误信息的参数。如果 Email 字段的值不符合邮箱的正则表达式规则，则程序会提示用户邮箱格式错误。

【动手实践】

下面将通过模型数据的校验实现一个注册页面的校验，通过这个案例让大家了解如何使用模型数据校验，大家一起动手练练吧。

1. 创建项目

在解决方案 Order 中创建一个名为 Register 的 ASP.NET Core MVC 项目。

2. 创建用户信息类 User

在 Register 项目的 Models 文件夹中创建一个 User 类，在该类中定义用户注册需要的用户名、密码、邮箱等字段，并对这些字段做一些数据校验，具体代码如文件 5-14 所示。

【文件 5-14】　User.cs

```
1  namespace Register.Models
2  {
3      public class User
4      {
5          [StringLength(5, ErrorMessage = "该值已超过限制长度")]
6          [Required]
7          public string userName { get; set; } //用户名
8          [Required(ErrorMessage = "*必填项")]
9          [Range(100, 1000000, ErrorMessage = "*数字大小超出范围了")]
10         public string passWord { get; set; } //密码
11         [Required]
12         [RegularExpression(@"^[a-zA-Z0-9_.-]+@[a-zA-Z0-9-]+
13                         (\.[a-zA-Z0-9-]+)*\.[a-zA-Z0-9]{2,6}$",
14                         ErrorMessage = "*邮箱格式错误")] //正则表达式
15         public string Email { get; set; } //邮箱
16     }
17 }
```

上述代码中，第 5~6 行代码通过内置验证特性[Required]和[StringLength]分别设置字段 userName 为必填项和字段值的长度。其中，第 5 行代码中的内置验证特性[StringLength(5, ErrorMessage = "该值已超过限制长度")]的第 1 个参数 5 表示字段 userName 值的最大长度为 5 个字符，第 2 个参数 ErrorMessage 的值表示错误提示信息。如果字段 userName 的值超过限制的最大长度 5，则页面上会提示用户"该值已超过限制长度"。

第 8~10 行代码通过内置验证特性[Required]和[Range]分别设置字段 passWord 值为必填项和该字段值的范围。其中，[Range(100, 1000000, ErrorMessage = "*数字大小超出范围了")]中的第 1 个参数 100 表示 passWord 的最小值，第 2 个参数 1000000 表示 passWord 的最大值。

第 11～15 行代码通过内置验证特性[Required]和[RegularExpression]分别设置字段 Email 的值为必填项和邮箱值需要遵循的正则表达式规则。其中，第 12～14 行代码中的内置验证特性[RegularExpression]中的第 1 个参数表示正则表达式，第 2 个参数表示邮箱格式错误的提示信息。

3. 判断模型数据的校验是否成功

在控制器 HomeController 中定义一个 Index()方法，在该方法中通过 ModelState.IsValid 的值来判断模型数据的校验是否成功，如果校验成功，则程序会调用 RedirectToAction()方法跳转到注册成功页面，否则，程序会停留在注册页面。具体代码如文件 5-15 所示。

【文件 5-15】　　HomeController.cs

```
1  namespace Register.Controllers
2  {
3      public class HomeController : Controller
4      {
5          ......
6          public IActionResult Index()
7          {
8              return View();
9          }
10         [HttpPost]
11         public IActionResult Index(User user)
12         {
13             if (ModelState.IsValid) //校验视图中输入的模型数据
14             {
15                 return RedirectToAction("Success"); //跳转到注册成功页面
16             }
17             return View();
18         }
19         public IActionResult Success()//显示注册成功页面
20         {
21             return View();
22         }
23         ......
24     }
25 }
```

上述代码中，第 10～18 行代码定义了一个 Index()方法，该方法上方声明了 HttpPost 特性标签，通过该标签来限制可以访问 Index()方法的 HTTP 请求类型为 POST。在 Index()方法中通过 ModelState.IsValid 的值判断视图中输入的数据是否能校验成功，如果校验成功，则程序会调用 RedirectToAction()方法使页面跳转到注册成功页面。

4. 搭建注册页面视图

注册页面的视图使用的是 Index.cshtml 文件，在该文件中添加 4 个<input>标签分别用于显示页面中的姓名、密码、邮箱等输入框，以及注册按钮。除了显示注册按钮的<input>标签外，每个标签下方添加一个<span>标签用于显示数据校验失败的错误信息。具体代码如文件 5-16 所示。

【文件 5-16】　　Index.cshtml

```
1  @model Register.Models.User;
2  @{
3      ViewData["Title"] = "Home Page";
4  }
5  @{
6      ViewData["Title"] = "Index";
7  }
8  @addTagHelper *, Microsoft.AspNetCore.Mvc.TagHelpers
9  <h2>注册</h2>
10 <form asp-action="Index" method="post" class="form-horizontal" role="form">
11     <div asp-validation-summary="All" class="text-danger"></div>
12     <div class="form-group">
13         <label asp-for="userName" class="col-md-2 control-label">姓名
```

```
14                                                         </label>
15            <div class="col-md-5">
16                <input asp-for="userName" class="form-control" />
17                <span asp-validation-for="userName" class="text-danger"></span>
18            </div>
19        </div>
20        <div class="form-group">
21            <label asp-for="passWord" class="col-md-2 control-label">密码
22                                                         </label>
23            <div class="col-md-5">
24                <input asp-for="passWord" type="password" class="form-control" />
25                <span asp-validation-for="passWord" class="text-danger"></span>
26            </div>
27        </div>
28        <div class="form-group">
29            <label asp-for="Email" class="col-md-2 control-label">邮箱</label>
30            <div class="col-md-5">
31                <input asp-for="Email" class="form-control" />
32                <span asp-validation-for="Email" class="text-danger"></span>
33            </div>
34        </div>
35        <div class="form-group">
36            <div class="col-md-offset-2 col-md-5">
37                <input type="submit" class="btn btn-primary" value="注册" />
38            </div>
39        </div>
40    </form>
```

上述代码中，第 8 行代码中的@addTagHelper 标签用于校验属性 asp-validation 和属性 asp-for 是否生效，添加该标签之后程序才可以校验页面上输入的数据信息是否正确；

第 11 行代码通过<div>标签显示所有错误信息，该标签中的属性 asp-validation-summary 的值设置为 All，表示显示页面上模型校验后所有校验失败的提示信息；

第 17、25、32 行代码通过<span>标签分别用于显示姓名、密码、邮箱等信息进行模型校验失败后提示的错误信息。

5. 注册 MVC 模式的服务

由于项目中用到 MVC 模式，因此需要在项目中的 Startup.cs 文件中注册 MVC 模式的服务，具体代码如下：

```
1   public class Startup
2   {
3       ......
4       public void ConfigureServices(IServiceCollection services)
5       {
6           services.AddControllersWithViews();
7           services.AddMvc();//注册 MVC 模式的服务
8       }
9       ......
10  }
```

上述代码中，第 7 行代码通过调用 AddMvc()方法注册 MVC 模式的服务。

6. 运行项目

运行 Register 项目，当没有在页面输入框中输入姓名、密码、邮箱信息时，单击【注册】按钮，页面上显示模型校验后的提示信息，此时注册页面的效果如图 5-17 所示。

图 5-17 中注册文字下方的 3 条提示信息是模型数据校验后总的错误提示信息，每个输入框下方有对应的错误提示信息。

如果输入正确格式的姓名、密码、邮箱信息，单击【注册】按钮，程序会跳转到注册成功页面，如图 5-18 所示。

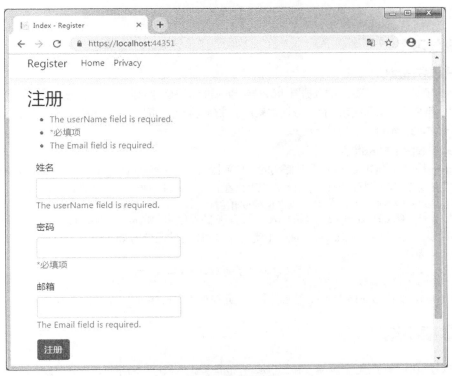

图5-17　注册页面

图5-18　注册成功页面

大家也可以输入格式不正确的信息，单击【提交】按钮，查看页面上是否会提示错误信息，此处不再进行测试。

【拓展学习】

1. 什么是元数据

元数据的定义是"关于数据的数据"，元数据与数据的关系就像数据与自然界的关系，数据反映了真实世界的交易、事件、对象和关系，而元数据则反映了数据的交易、事件、对象和关系等。总之，只要能够用来描述某个数据的，都可以认为是元数据。

2. TagHelper 标签助手

TagHelper 是 ASP.NET Core 中非常好用的一种新特性，该标签可以标记帮助程序使用服务器端代码在 Razor 文件中参与创建和呈现的 HTML 元素。也可以在.cshtml 文件中调用，具体调用代码如下：

```
@addTagHelper *, Microsoft.AspNetCore.Mvc.TagHelpers
```

上述代码中，@addTagHelper 后面的*表示所有来自程序集 Microsoft.AspNetCore.Mvc.TagHelpers 中的 TagHelper 都可以使用。@addTagHelper 后面除了使用*外还可以指定特定的 TagHelper，此处以 FormTagHelper 为例，具体示例代码如下：

```
@addTagHelper Microsoft.AspNetCore.Mvc.TagHelpers.FormTagHelper,
Microsoft.AspNetCore.Mvc.TagHelpers
```

上述代码只添加了 FormTagHelper 到视图中，因此在视图中只有<form>表单将会被视为 TagHelper。

5.5   本章小结

本章主要介绍了如何创建数据模型和 Repository 仓库模式，通过学习本章的内容，读者能够掌握如何创建实体数据模型、创建数据库、添加 Repository 仓库模式，以及如何进行模型数据校验，掌握这些知识可以很好地处理项目中的数据模型与数据库之间的操作。

5.6   本章习题

一、填空题

1. _____是指数据的结构类型和可调用的方法。
2. 从用途方面来说，模型的主要操作可划分为_____、更新数据、_____和保存数据。
3. EFCore 框架可以通过程序包管理器控制台工具对数据库进行变更，完成_____。
4. 目前比较主流的数据持久化模式为_____。
5. 如果想要使用 Repository 仓库模式，首先需要创建一个_____，其次创建仓库接口，然后创建实现仓库接口的类。

二、判断题

1. 从系统职责来看，模型主要用于处理业务逻辑，可以看作是业务层。（   ）
2. 视图模型可以直接与视图数据进行绑定，但是不可以在视图上做数据验证。（   ）
3. EFCore 框架主要用于连接、创建、初始化数据库。（   ）
4. 只要通过数据仓库的映射机制就可以轻松地将数据转换为对象提供给程序使用，使用 Repository 仓库模式首先要创建一个仓库接口。（   ）
5. 模型数据的验证是通过对数据的解析来验证的。（   ）

三、选择题

1. 下列选项中，对模型的优势描述不正确的是（　　）。

A. 良好的数据模型能帮助我们快速查询所需要的数据，减少数据 I/O 流的输入与输出。

B. 良好的数据模型能够极大地减少不必要的数据冗余，也能实现计算结果复用，有效降低大数据系统中的存储和计算成本。

C. 良好的数据模型能极大地改善用户使用数据的体验，提高数据使用效率。

D. 良好的数据模型不能改善数据统计口径的不一致性，增加数据计算错误的可能性。

2. 下列选项中，对 EFCore 框架描述不正确的是（　　）。

A. EFCore 框架可以跨平台运行在 Windows、Linux、Mac 系统上。

B. EFCore 框架可以创建具有不同数据类型的属性的实体数据模型，它将会使用自己创建的模型查询或保存底层的数据。

C. EFCore 框架允许使用 LINQ 语言（是一门查询语言，与 SQL 类似）从底层检索数据。

D. EFCore 框架在查询或保存数据时，不会自动执行事务管理。

3. 下列选项中关于使用 Repository 仓库模式，描述正确的是（　　）。

A. 创建一个实体数据模型　　　　　　　　B. 其次创建一个路由

C. 然后创建一个控制器　　　　　　　　　D. 最后调用仓库模式

4. 下列选项中关于内置验证特性，说法正确的是（　　）。

A. 当需要指定某个字段的值是必需时，需要使用内置验证特性[Required]。

B. 当需要指定某个字段的长度时，需要使用内置验证特性[Required]。

C. 当需要验证某个字段的值的正则表达式时，需要使用内置验证特性[StringLength]。

D. 当需要指定某个字段的长度时，需要使用内置验证特性[RegularExpression]。

四、简答题

1. 请简述模型的优势。

2. 请简述如何通过 EFCore 框架创建并初始化数据库。

3. 简述如何通过模型数据的校验实现一个注册页面的校验。

第 **6** 章

显示视图：显示数据到页面

学习目标

网站最吸引人的就是网站的页面效果，本章学习的 Razor 视图引擎、创建视图、向视图传递数据、美化网站等知识，就是用于实现将数据以网页的形式展示给用户的功能，在学习的过程中需要掌握以下内容。

★ 能够认识视图与 Razor 视图引擎。

★ 能够创建视图，实现页面视图的显示功能。

★ 能够向视图传递数据，实现页面显示数据的功能。

★ 能够美化页面，提高页面的视觉效果。

情景导入

王五是一家上市公司的网站开发人员，马上要到年底了，各个网站开始更新网页的显示效果。为了刺激用户消费，经理要求他将优惠活动的数据和图片信息显示到网页上，让网页看起来更美观、更吸引用户。王五经过分析得知，其实经理的要求就是要优化网页的美观度并将优惠数据显示到网页上。使用 ASP.NET Core MVC 中的 Razor 语法与.cshtml 文件就可以实现，实现步骤如图 6-1 所示。

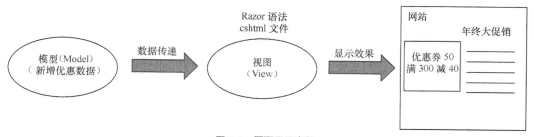

图6-1 网页显示流程

图 6-1 中，当模型中新增了优惠数据后，这些数据就会通过 Razor 语法调用到视图页面（如 Index.cshtml），最后以图片和数据的形式显示到网页上。

6.1　认识视图

在 Web 应用程序中，控制器是如何将返回的数据显示到浏览器上的？大部分的控制器操作需要以 HTML 格式动态显示信息。如果控制器操作仅仅返回字符串或其他数据信息，那么就需要大量的字符串替换操作，这样操作过程就会变得混乱不堪。随着用户对页面显示效果的模板系统的需求越来越清晰，视图应运而生，下面将对视图的一些基础知识进行详细讲解。

【知识讲解】

1. 视图简介

视图是用户与 Web 应用程序的接口，用户通常会先看到视图，然后在视图上进行交互，Web 应用程序的视图通常是 HTML 格式。ASP.NET Core MVC 中的视图默认是以 .cshtml 文件格式保存在应用程序的 Views 文件夹中。程序在创建视图时会默认在 Views 文件夹中创建控制器对应的文件夹（如 HomeController 对应的文件夹为 Views/Home），并将创建好的视图存放在控制器对应的文件夹中。

2. 视图的文件夹结构

接下来了解一下 MVC 中视图的文件夹结构。创建完 ASP.NET Core MVC 项目后，程序会自动创建 MVC 模式对应的文件夹，包括 Models 文件夹、Controllers 文件夹、Views 文件夹。其中 Views 文件夹用于存放项目中的视图文件，该文件夹中包含 Home 文件夹和 Shared 文件夹，如图 6-2 所示。

这两个文件夹中的具体介绍如下。

图6-2　视图文件夹结构

- Home 文件夹：用于存放网站首页信息，程序默认在 Home 文件夹中创建了两个文件，分别是 Index.cshtml 文件和 Privacy.cshtml 文件，这两个文件分别用于显示网站首页视图和网站隐私信息视图。

- Shared 文件夹：用于存放模板文件，如页面布局、模板页等，该文件夹中包含 3 个文件，分别是 _Layout.cshtml 文件、_ValidationScriptsPartial.cshtml 文件、Error.cshtml 文件，这 3 个文件分别用于显示视图的布局、提供对 jQuery 验证脚本的引用、显示错误信息视图的布局。

在 Views 文件夹中还有两个文件，分别是 _ViewStart.cshtml 文件和 _ViewImports.cshtml 文件。其中，_ViewStart.cshtml 文件是网站的起始视图，也是整个网站的入口；_ViewImports.cshtml 文件包含导入到每个 Razor 页面（后续会讲解）的 Razor 指令。

【拓展学习】

视图是一个包含了主要的用户交互元素的 PHP 脚本，它可以包含 PHP 语句，但是建议这些语句不要去改变数据模型，最好能够保持其单纯性（单纯作为视图）。为了实现逻辑与界面分离，大段的逻辑应该被放置在控制器或模型中，而不是视图中。

6.2　Razor 视图引擎

在 MVC 中，视图封装了用户与应用交互呈现的细节。视图要发送到客户端的内容包含嵌入代码的 HTML

模板。视图使用 Razor 语法，该语法允许以最少的代码或最低的复杂度与 HTML 模板进行交互，下面将对 Razor 视图引擎进行详细讲解。

【知识讲解】

1. Razor 视图引擎概念

视图引擎是为了将用户界面与业务数据（内容）分离而产生的，它可以生成特定格式的文档，网站的视图引擎可以生成一个标准的 HTML 文档。Razor 视图引擎不是一种语法，而是一种用于编写视图页面的代码风格，其代码依旧使用的是 C#语言。

2. Razor 引擎语法

（1）在页面中输出单一变量的值时使用 "@" 符号，具体示例代码如下：

```
<span>北京时间：@DateTime.Now</span>
```

在上述代码中，"@" 表示直接输出值，虽然 "@" 后为 C#代码，但是当直接输出一个变量的值时，结尾处不需要使用 ";"。

（2）在页面中输出一个表达式的值时需要使用 "@()" 格式，具体示例代码如下：

```
<span>欢迎你
@(Session["user"] == null ? "" : Session["user"].ToString())
</span>
```

在上述代码中，"@()" 表示输出表达式的值，其中 "()" 中为 C#代码。

（3）在页面中执行多行 C#代码时需要使用 "@{}" 格式，具体示例代码如下：

```
@{
    var name="admin";
    var message="欢迎你，"+name;
}
```

（4）HTML 标签和 C#语法可以混合使用，具体示例代码如下：

```
@for (int num=1;num<=5;num++)
{
    <span>@num</span>
}
```

3. 页面布局文件_Layout.cshtml

大多数网站有很多页面都显示相同的内容，例如，页眉、页脚、导航栏等，整个网站的脚本和样式也存在类似的情况。如果用户想修改网页中每个页面的标题外观，就需要编辑每个页面的布局代码，为了减少频繁修改布局代码的情况，可以使用页面布局文件_Layout.cshtml。页面布局文件是所有页面的模板，引用该文件的页面被称为内容页面，内容页面不是完整的网页，它只包含页面主要的内容。

_Layout.cshtml 文件中的基本结构就是 HTML 的基本结构，核心代码如文件 6–1 所示。

【文件 6-1】 _Layout.cshtml

```
1  <!DOCTYPE html>
2  <html lang="en">
3  ......
4  <body>
5      ......
6      <div class="container">
7          <main role="main" class="pb-3">
8              @RenderBody()
9          </main>
10     </div>
11     ......
12     @RenderSection("Scripts", required: false)
13 </body>
14 </html>
```

上述代码中，在<body>标签中有 2 个后台代码，分别是第 8 行和第 12 行代码。其中，第 8 行中的@RenderBody()用于呈现子页的主体内容，表示以占位符的形式渲染当前页面，第 12 行代码中的@RenderSection()用于呈现特别的节点部分，表示将会渲染部分的视图和节点。

4. 起始视图文件_ViewStart.cshtml

起始视图文件_ViewStart.cshtml 一般用于引入 MVC 网站中所有视图公用的 JavaScript、CSS 等文件信息，这样就不需要在每个视图文件中都引入一次 JavaScript 和 CSS 文件信息。_ViewStart.cshtml 文件只有一行有效代码，这个文件是基于 Razor 语法格式书写的，具体代码如文件 6−2 所示。

【文件 6-2】　_ViewStart.cshtml

```
1  @{
2      Layout = "_Layout";
3  }
```

上述代码中，第 2 行代码表示在起始视图中引入了整个网站的页面布局文件_Layout.cshtml。

【动手实践】

1. 设置模板视图（_Layout.cshtml）

为了确认其他页面是否调用了模板视图页面，需要在模板视图页面的标题上添加"使用模板"文字信息，这样可以清晰地看到其他页面是否成功地调用模板视图页面。首先在 Order 项目的 Views/Shared 文件夹中找到_Layout.cshtml 文件，在该文件中的<title></title>标签中添加"使用模板"的文字信息，具体代码如下：

```
1  <!DOCTYPE html>
2  <html lang="en">
3  <head>
4      <meta charset="utf-8" />
5      <meta name="viewport" content="width=device-width, initial-scale=1.0" />
6      <title>使用模板 @ViewData["Title"] - Order</title>
7      ......
8  </head>
9  ......
10 </html>
```

2. 运行程序

由于在程序的起始视图文件_ViewStart.cshtml 中，已经通过"Layout = "_Layout";"语句引用了模板视图_Layout.cshtml，并且在 HomeController 控制器中定义了 Index()方法，该方法的返回值为 View()方法，即显示当前视图。因此可直接运行 Order 项目，检测 Index 视图页面是否引用了模板视图，运行效果如图 6−3 所示。

图6-3　使用模板视图的运行效果

由图 6−3 可知，程序运行成功后，Index 页面的标题前面添加了"使用模板"文字信息，说明引用模板视图成功。

【拓展学习】

1. Razor 引擎语法补充

（1）使用 Razor 作为视图引擎的页面的后缀名为.cshtml。

（2）在 Razor 页面中引用命名空间使用@using。

（3）在 Razor 页面的最上方通过@model 语法可以设定一组视图页面的强类型数据模型。

2. 多个_ViewStart.cshtml 视图文件的执行顺序

当遇到除了 Views 文件夹中存在_ViewStart.cshtml 文件外，在 Views/Home 文件夹中也存在一个_ViewStart.cshtml 文件的情况时，程序会首先执行 Views 文件夹中的_ViewStart.cshtml 文件中的视图内容，只有当访问 Views/Home 文件夹中的视图时，程序才会执行 Views/Home 文件夹中_ViewStart.cshtml 文件。

需要注意的是，在 MVC 模式中，如果控制器中的 Action 方法必须以 View()方法来返回视图，程序会在执行任何一个视图之前先要执行 Views 文件夹下的_ViewStart.cshtml 文件中的视图内容；如果控制器中的 Action 方法以 PowerView()方法来返回视图，则不会执行_ViewStart.cshtml 文件中的视图内容。

6.3　创建视图

视图主要用于向用户提供需要显示的界面，当控制器执行完相应的逻辑代码后，需要将显示的数据委托给视图进行显示。此时需要创建一个视图来显示数据信息，下面对如何创建视图进行详细讲解。

【知识讲解】

在 MVC 项目中，通常每个控制器中的操作方法都有对应的具体视图文件，创建的视图文件都存放在项目中的 Views/[ControllerName]文件夹中，模板视图存放在项目中的 Views/Shared 文件夹中，视图的名称与控制器中对应的 Action 方法的名称一致，视图文件的后缀名为.cshtml。

如果想要创建 HomeController 中的 About()方法对应的视图文件，则需要在 Views/Home 文件夹中创建一个 About.cshtml 文件，或选中 About()方法右键单击选择添加视图来创建，具体代码如文件 6-3 所示。

【文件 6-3】　About.cshtml

```
1  @{
2      ViewData["Title"] = "About";
3  }
4  <h2>@ViewData["Title"]</h2>
5  <h3>@ViewData["Message"]</h3>
6  <p>Use this area to provide additional information.</p>
```

上述代码中，@符号代表 Razor 代码，C#语法在{}包裹的 Razor 代码块中运行，Razor 可以通过@符号直接对数据进行操作，从而在 HTML 中显示具体的数据信息，就如第 4~5 行代码中<h2>和<h3>标签中显示的信息一样。

【动手实践】

下面将通过创建视图来显示一个欢迎页面，通过这个案例让大家了解如何创建一个视图页面，大家一起动手练练吧。

1. 创建项目

在 Visual Studio 中创建一个解决方案名为 Chapter06、项目名为 CreateView 的 ASP.NET Core MVC 项目。

2. 创建 Action 方法

在 CreateView 项目的 HomeController 控制器中定义一个 Hello()方法，具体代码如文件 6-4 所示。

【文件 6-4】　HomeController.cs

```
1  namespace CreateView.Controllers{
2      public class HomeController : Controller{
```

```
3         ......
4         public string Hello()
5         {
6             return "Hello from HomeController";
7         }
8         ......
9     }
10 }
```

3. 添加 Hello 页面视图

首先将鼠标指针放在 Hello()方法上或选中该方法，然后右键单击选择【添加视图(D)...】选项，弹出一个
"添加 MVC 视图"窗口，添加 Hello 页面视图的窗口如图 6-4 所示。

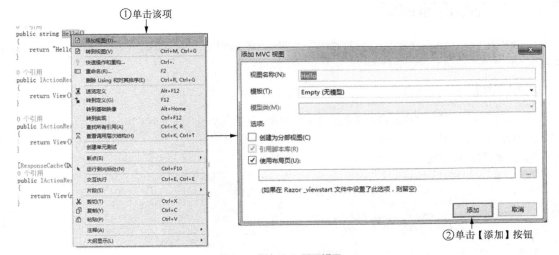

图6-4　添加Hello页面视图

单击图 6-4 中的【添加】按钮后，会弹出一个正在搭建基架和生成项目的窗口，如图 6-5 所示。

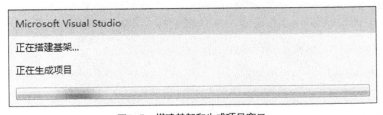

图6-5　搭建基架和生成项目窗口

基架搭建完成后，在项目中的 Views/Home 文件夹中会创建一个 Hello.cshtml 文件，该文件就是操作 Hello()
方法对应的视图文件。在 Hello.cshtml 文件中添加网页需要的代码，具体代码如文件 6-5 所示。

【文件 6-5】　　Hello.cshtml

```
1  @{
2      ViewData["Title"] = "Hello";
3  }
4  <h1>Hello</h1>
```

4. 运行程序

运行 CreateView 项目，然后在地址栏中的地址后面输入"Home/Hello"，这样就可以调用 HomeController
控制器中的信息，运行结果如图 6-6 所示。

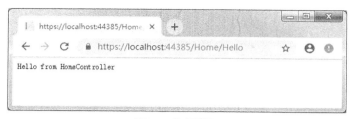

图6-6　运行结果

6.4　向视图传递数据

在 ASP.NET Core MVC 项目中，将控制器中的数据显示到视图中的过程需要向视图传递数据，下面将对如何向视图传递数据进行详细讲解。

【知识讲解】

ASP.NET MVC 中控制器向视图传递数据有 4 种方式，分别是 ViewData 方式、ViewBag 方式、Model 方式和 TempData 方式，具体介绍如下所示。

1. ViewData 方式

首先，在新建项目的 Models 文件夹中创建一个 Student 类，具体代码如下：

```
1   public class Student{
2       public int Id { get; set; }
3       public string Name { get; set; }
4       public int Age { get; set; }
5   }
```

其次，在控制器中实例化此类，具体代码如下：

```
var stu = new Student(){Id = 1, Name = "李雷", Age = 10 };
```

再次，在控制器中用 ViewData 类以键值对的形式存储上述实例化对象，具代码如下：

```
ViewData["student"]=stu;
```

最后，在视图中获取 ViewData 类中的值，并将该值转换为对象，具体代码如下：

```
1   @{
2       var stu = (Student)ViewData["student"];
3   }
4   <h1>@stu.Id</h1>
5   <h2>@stu.Name</h2>
6   <h3>@stu.Age</h3>
```

2. ViewBag 方式

通过 ViewBag 动态表达式的形式存储控制器中创建的实例化对象 stu，具体代码如下：

```
ViewBag._Student = stu;
```

在视图中获取 ViewBag 中的值，并将该值转换为对象，具体代码如下：

```
@{
    var stu = (Student)ViewBag._Student;
}
```

3. Model 方式

将控制器中 Index()方法的返回值设置为 View()方法，在 View()方法中传递一个实例化对象 stu，具体代码如下：

```
1   public ActionResult Index(){
2       var stu = new Student(){ Id = 1, Name = "李雷", Age = 10 };
3       return View(stu);
4   }
```

在视图中获取实例化对象 stu 中的数据信息，具体代码如下：

```
1   @using MvcTest.Models;
```

```
2  @model Student
3  @{
4      ViewBag.Title = "Index";
5  }
6  <h1>@Model.Id</h1>
7  <h2>@Model.Name</h2>
8  <h3>@Model.Age</h3>
```

4. TempData 方式

由于 TempData 中的值可以保存在 Session 中，因此该值可以通过跳转后继续使用，但是 TempData 中的值只能经过一次传递，之后会被系统自动清除。

下面在控制器中创建一个 Index()方法和一个 Detail()方法，将程序由 Index()方法跳转到 Detail()方法中，并在视图中输出 TempData 中存储的值，具体代码如下：

```
1  public ActionResult Index(){
2      var p = new Student(){ Id = 1, Name = "李雷", Age = 10 };
3      TempData["_student"] = p;
4      return RedirectToAction("Detail");
5  }
6  public ActionResult Detail(){
7      return View();
8  }
```

在视图中获取 TempData 中的值，并将该值转换为对象，具体代码如下：

```
1  @{
2      Student stu = (Student)TempData["_student"];
3  }
```

【动手实践】

1. 将数据绑定到页面上

在前文创建的 Order 项目中，由于需要将数据库中的店铺数据信息显示到首页页面上，因此需要修改 HomeController 控制器，在该控制器中创建一个构造函数和显示首页页面需要的 Index()方法，具体代码如文件 6-6 所示。

【文件 6-6】　HomeController.cs

```
1  ......
2  namespace Order.Controllers{
3      public class HomeController : Controller{
4          private IShopRepository _shopRepository;
5          public HomeController(IShopRepository shopRepository){
6              _shopRepository = shopRepository;
7          }
8          public IActionResult Index(){
9              var shops = _shopRepository.GetAllShops(); //获取店铺数据信息
10             return View(shops);
11         }
12     }
13 }
```

上述代码中，第 5～7 行代码定义了一个 HomeController 类的构造方法，在该方法中传递了店铺数据仓库对象 shopRepository；第 8～11 行代码定义了一个 Index()方法，在该方法中通过调用 GetAllShops()方法获取店铺数据信息，并将 Index()方法的返回值设置为一个带有店铺数据信息的视图。

2. 向店铺列表页面传递店铺数据

在项目的 Home 文件夹中找到 Index.cshtml 文件，在该文件中获取店铺数据，并设置到 Index 视图页面上，具体代码如文件 6-7 所示。

【文件 6-7】　Index.cshtml

```
1  @model IEnumerable<Order.Models.Shop>;
2  @{
3      ViewData["Title"] = "Index";
```

```
4       }
5       <h2>店铺列表</h2>
6       @foreach (var shop in Model){
7           <div >
8               <div class="thumbnail" style="padding:5px">
9                   <img src="@shop.ShopImgUrl" alt="">
10                  <div class="caption">
11                      <h3 class="pull-right" style="font-size:14px">
12                                              @shop.Welfare</h3>
13                      <h3>
14                          <a asp-controller="Home"
15                              asp-action=""
16                              asp-route-id="@shop.ShopId" style="font-size:20px">
17                                              @shop.ShopName</a>
18                      </h3>
19                      <p style="font-size:14px">@shop.ShopNotice</p>
20                  </div>
21              </div>
22          </div>
23      }
```

上述代码中，第 1 行代码通过 "@model" 引入店铺的数据模型 Shop；第 6~23 行代码通过 foreach 循环遍历店铺模型中的所有店铺数据信息，并显示到 Index 页面上。

运行上述程序，店铺列表页面效果如图 6-7 所示。

图6-7　店铺列表页面效果

【拓展学习】

当控制器中的 Action 方法返回一个 View() 方法，且该方法中的参数是一个集合数据时，此时在视图中需要通过@model 来引入传递的数据，集合数据的引入代码具体如下：

```
@model IEnumerable<Order.Models.实体类>;
```

6.5　美化网站

在 ASP.NET Core 项目中，创建完视图后，为了使用户体验效果更好，可以在项目中引入第三方的 UI 框架 Bootstrap，通过该框架来美化网站中的页面。下面将对如何通过 UI 框架 Bootstrap 美化网站中的页面进行详细讲解。

【知识讲解】

6.4 节显示了店铺列表页面，但该页面布局比较粗糙。为了让项目的页面效果带给用户更好的视觉体验，本节将使用 Bootstrap 作为前端的 UI 框架，同时介绍 2 种将 Bootstrap 框架安装到项目中的方式，并将该框架中的组件引入到项目中，从而美化页面视图。下面介绍如何通过 2 种方式将 Bootstrap 安装到项目中，具体如下。

方式一：通过前端管理工具 LibraryManager 添加 Bootstrap 框架

Visual Studio 开发工具提供了非常强大的前端管理工具 LibraryManager，简称 LibMan。如果想要使用这个工具，首先要检查一下 Visual Studio 的版本是否支持使用 LibMan 管理工具，Visual Studio 的版本至少是 15.8 以上才可以使用 LibMan 管理工具。在 Visual Studio 中选择【帮助(H)】→【关于 Microsoft Visual Studio(A)】选项可查看 Visual Studio 的版本号，如图 6-8 所示。

图6-8　帮助选项

单击图 6-8 中的【关于 Microsoft Visual Studio(A)】选项，会弹出一个"关于 Microsoft Visual Studio"窗口，如图 6-9 所示。

图6-9　"关于Microsoft Visual Studio"窗口

　　由图 6-9 可知，当前使用的 Visual Studio 的版本号为 16.4.5，该版本高于 15.8，因此项目可以使用 LibMan 管理工具。

　　将 LibMan 管理工具引入到项目中并使用，由于该项目是第一次使用 LibMan 管理工具，因此需要添加 LibMan 管理工具的 Json 配置文件，选中项目右键单击并选择【添加(D)】→【客户端库(L)...】选项，如图 6-10 所示。

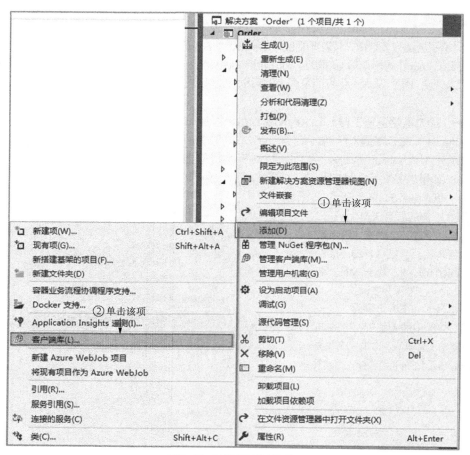

图6-10　选择客户端库选项

　　单击图 6-10 中的【客户端库(L)...】选项，会弹出一个"添加客户端库"窗口，在该窗口中的【库(L)】对应的输入框中输入"twitter-bootstrap@3.3.7"，如图 6-11 所示。

　　图 6-11 中的"目标位置"一定要确保库文件安装在 wwwroot 文件夹中，因为只有安装在这个文件夹中的文件才会被静态托管到服务器中。单击【安装(I)】按钮，即可安装 twitter-bootstrap@3.3.7 库文件，安装完成后在项目中的 wwwroot/lib 文件夹中会出现一个 twitter-bootstrap 文件夹和一个 libman.json 文件，如图 6-12 所示。

图6-11　"添加客户端库"窗口

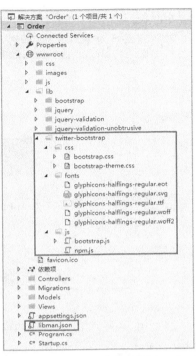

图6-12　twitter-bootstrap文件夹和libman.json文件

图 6-12 中的 libman.json 文件中保存的是 libman 的配置信息，具体内容如文件 6-8 所示。

【文件 6-8】　libman.json

```
1  {
2    "version": "1.0",
3    "defaultProvider": "cdnjs",
4    "libraries": [
5      {
6        "library": "twitter-bootstrap@3.3.7",
7        "destination": "wwwroot/lib/twitter-bootstrap/"
8      }
9    ]
10 }
```

可以在 libman.json 文件中手动添加各种库的依赖或者版本的信息，至此网站中的 UI 框架 Bootstrap 就安装完成了。

方式二：将 Bootstrap 框架复制到项目中

首先通过访问地址 "https://getbootstrap.com/" 进入到 Bootstrap 主页，如图 6-13 所示。

图6-13　Bootstrap主页

单击图 6-13 中的【Download】按钮后，进入到下载页面，如图 6-14 所示。

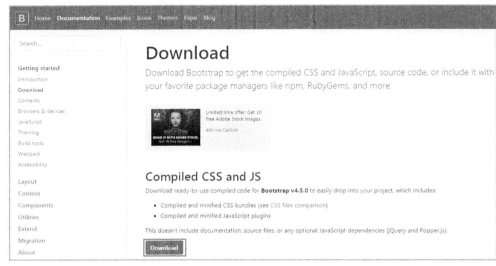

图6-14　下载页面

下载完 Bootstrap 后，首先删除项目的 wwwroot/lib 文件夹中的 bootstrap 文件夹，将下载好的 bootstrap 文件夹拖曳到 lib 文件夹中，如图 6-15 所示。

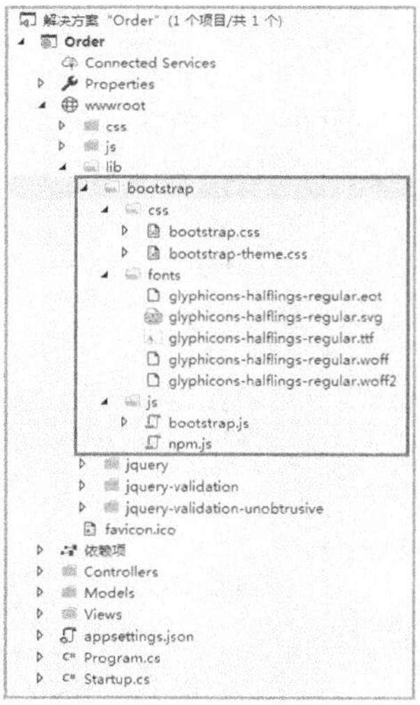

至此 Bootstrap 框架已经安装到项目中，通过这种复制粘贴的方式将 Bootstrap 框架引入到项目中的优势是操作比较简单，但是不够专业，如果前端的组件引用越来越多，则很容易产生很多库文件版本不兼容的情况，因此尽量使用方式一来安装 Bootstrap 框架。

安装完 Bootstrap 框架之后，再将该框架中的组件引入到 Order 项目中，从而美化页面视图。首先打开 Views/Shared 文件夹中的_Layout.cshtml 文件，然后将 twitter-bootstrap/css 文件夹中的 bootstrap.css 文件拖曳到_Layout.cshtml 文件中，拖曳后_Layout.cshtml 文件中引入 bootstrap.css 文件的代码如下：

图6-15　bootstrap目录

```
1   <!DOCTYPE html>
2   <html lang="en">
3   <head>
4       <meta charset="utf-8" />
5       <meta   name="viewport"    content="width=device-width,
initial-scale=1.0" />
6       <title>使用模板 @ViewData["Title"] - Order</title>
7       <link href="~/lib/twitter-bootstrap/css/bootstrap.css"
                                            rel="stylesheet" />
9       <link rel="stylesheet" href="~/css/site.css" />
10  </head>
11  ......
12  </html>
```

至此，bootstrap.css 样式文件引入成功，可以在项目中直接调用 bootstrap.css 文件中的样式。

【动手实践】

前面已经将 bootstrap.css 文件成功引入到项目中，下面开始美化 Order 项目中需要显示的页面，具体美化内容如下所示。

1. 美化店铺列表页面

（1）美化首页页面

在 Order 项目的 Views/Home 文件夹中，找到 Index.cshtml 文件，在该文件中调用 bootstrap.css 文件中的样式美化首页页面（店铺列表页面），Index.cshtml 文件中的具体代码如文件 6-9 所示。

【文件 6-9】　Index.cshtml

```
1  @model IEnumerable<Order.Models.Shop>;
2  @{
3      ViewData["Title"] = "Index";
4  }
5  <div class="row">
6      <div class="col-sm-12 col-lg-12 col-md-12">
7          <img src="~/images/shop/banner.png" alt="" style=
8                                          "width:100%;height:280px">
9      </div>
10 </div>
11 <h3>店铺列表</h3>
12 @foreach (var shop in Model)
13 {
14     <div class="col-sm-4 col-lg-4 col-md-4">
15         <div class="row thumbnail" style="margin:10px 0;
16                                          display:flex;height:150px">
17             <div class="col-md-4" style="display: flex;
18                 flex-direction: column; justify-content: center;">
19                 <img src="@shop.ShopImgUrl" alt="" style=
20                                          "width:100px;height:100px">
21             </div>
22             <div class="col-md-8" style="display: flex; flex-direction:
23                             column; justify-content: center;">
24                 <h3 style="margin-top: 10px;">
25                     <a asp-controller="Home"
26                         asp-action="ShopDetail"
27                         asp-route-id="@shop.ShopId" style="font-size:20px">
28                         @shop.ShopName
29                     </a>
30                 </h3>
31                 <div>月售: @shop.SaleNum</div>
32                 <div>起送 ￥@shop.OfferPrice 配送 ￥@shop.DistributionCost</div>
33                 <div>@shop.Time</div>
34                     <div style="padding:8px 0 8px;font-size:12px">
35                         <img src="~/images/shop/welfare.png" alt=" "
36                                     style="width:20px;height:20px" />
37                         @shop.Welfare
38                     </div>
39             </div>
40         </div>
41     </div>
42 }
```

上述代码中，第 25～29 行代码是一个超链接标签<a>，在该标签中属性 asp-controller 的值表示要运行的控制器名称，属性 asp-action 的值表示要运行的控制器中的方法名称，属性 asp-route-id 的值表示控制器中的方法传递的参数值。

（2）修改首页导航栏

由于首页页面的导航栏暂时只需要显示首页信息，因此需要修改 _Layout.cshtml 文件中的<header>标签（该标签用于显示页面导航栏），去掉该标签中默认添加的其他内容，只留一个显示首页的内容即可。修改 _Layout.cshtml 文件后的核心代码如文件 6-10 所示。

【文件 6-10】　_Layout.cshtml

```
1  <!DOCTYPE html>
2  <html lang="en">
```

```
3      ......
4      <body>
5         <header><!--导航栏部分-->
6            <nav class="navbar navbar-expand-sm navbar-toggleable-sm
7                          navbar-light bg-white border-bottom box-shadow mb-3">
8               <div class="container">
9                  <div class="navbar-collapse collapse">
10                    <ul class="nav navbar-nav">
11                       <li><a asp-controller="Home" asp-action="Index"
12                                    class="navbar-brand">首页</a></li>
13                    </ul>
14                 </div>
15              </div>
16           </nav>
17        </header>
18        ......
19     </body>
20     </html>
```

上述代码中，第 11～12 行代码通过一个超链接标签<a>显示页面导航栏中的首页信息。

（3）运行项目

运行 Order 项目后，首页页面运行效果如图 6-16 所示。

图6-16　首页页面

2. 创建店铺详情页面视图

（1）创建显示店铺详情页面的方法

在 HomeController 控制器中创建一个 ShopDetail()方法，该方法用于返回一个店铺详情页面视图，具体代码如下：

```
1      ......
2      public class HomeController : Controller
3      {
4          private IShopRepository _shopRepository;
```

```
5        private IFoodRepository _foodRepository;
6        public HomeController(IShopRepository shopRepository,
7                                         IFoodRepository foodRepository)
8        {
9            _shopRepository = shopRepository;
10           _foodRepository = foodRepository;
11       }
12       ......
13       public IActionResult ShopDetail(int id)
14       {
15           var shop = _shopRepository.GetShopById(id); //获取店铺详情数据
16           var foods = _foodRepository.GetFoodsByShopId(id);//获取菜品列表数据
17           shop.Foods = foods; //将菜品数据添加到店铺对象中
18           return View(shop);
19       }
20   }
```

上述代码中，第 15～16 行代码分别通过 GetShopById() 方法和 GetFoodsByShopId() 方法获取店铺 Id 对应的店铺数据和店铺中菜品列表的数据；第 17 行代码将菜品列表数据 foods 添加到店铺对象 shop 中。

（2）创建店铺详情页面视图

创建好显示店铺详情页面视图的 ShopDetail() 方法后，接着创建店铺详情页面的视图。首先将鼠标指针放在 ShopDetail() 方法上或选中该方法，然后右键单击选择【添加视图(D)...】选项，弹出一个"添加 MVC 视图"窗口，如图 6-17 所示。

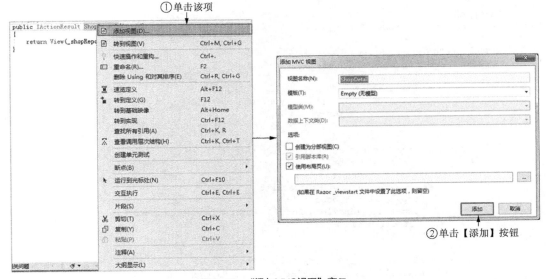

图6-17　"添加MVC视图"窗口

单击图 6-17 中的【添加】按钮后，会弹出一个正在搭建基架和生成项目的窗口，如图 6-18 所示。

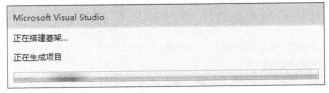

图6-18　搭建基架和生成项目窗口

基架搭建完成后，在项目中的 Views/Home 文件夹中会创建一个 ShopDetail.cshtml 文件，该文件是店铺详情页面对应的视图文件，在该文件中添加美化店铺详情页面的代码，具体代码如文件 6-11 所示。

【文件 6-11】   ShopDetail.cshtml

```
1    @model Order.Models.Shop;
2    @{
3        ViewData["Title"] = "Index";
4    }
5    <h2>店铺详情</h2>
6    <div class="row">
7        <div class="col-sm-12 col-lg-12 col-md-12">
8            <div class="row thumbnail" style="margin:10px 0;
9                                            display:flex;height:130px">
10                <div class="col-md-4" style="display: flex;
11                 flex-direction: column; justify-content: center;width:130px">
12                    <img src="@Model.ShopImgUrl" alt="">
13                </div>
14                <div class="col-md-8">
15                    <div style="margin-top: 10px;font-size:22px">
16                                                @Model.ShopName</div>
17                    <div style="padding:8px 0 8px;font-size:16px">
18                        <img src="~/images/shop/time_icon.png" alt=" " />
19                        @Model.Time
20                    </div>
21                    <p style="font-size:16px">@Model.ShopNotice</p>
22                </div>
23            </div>
24        </div>
25    </div>
26    <h3>菜单列表</h3>
27    @foreach (var food in Model.Foods)
28    {
29        <div class="col-sm-4 col-lg-4 col-md-4">
30            <div class="row thumbnail" style="margin:10px 0;
31                                            display:flex;height:150px">
32                <div class="col-md-4" style=" display: flex;
33                        flex-direction: column;justify-content: center">
34                    <img src="@food.FoodPic" alt=""
35                                        style="height:100px;width:100px" >
36                </div>
37                <div class="col-md-8" style=" display: flex;
38                        flex-direction: column;justify-content: center">
39                    <h3 style="margin-top: 10px;">
40                        <a asp-controller="FoodDetail"
41                          asp-action="FoodDetail"
42                          asp-route-id="@food.FoodId" style="font-size:20px">
43                            @food.FoodName
44                        </a>
45                    </h3>
46                    <div style="font-size:14px">@food.Taste</div>
47                    <div style="font-size:14px">月售: @food.SaleNum</div>
48                    <div style="color:red">￥ @food.FoodPrice</div>
49                </div>
50            </div>
51        </div>
52    }
```

（3）运行项目

运行 Order 项目后，店铺详情页面运行效果如图 6-19 所示。

3. 创建菜品详情页面控制器

在项目中的 Controllers 文件夹中创建一个名为 FoodDetailController 的控制器，该控制器就是菜品详情页面的控制器，在该控制器中创建 FoodDetail() 方法，该方法用于根据菜品 Id 获取菜品的详情信息，具体代码如文件 6-12 所示。

图6-19　店铺详情页面

【文件 6-12】　FoodDetailController.cs

```
1  namespace Order.Controllers{
2      public class FoodDetailController : Controller{
3          private IFoodRepository _foodRepository;
4          public FoodDetailController(IFoodRepository foodRepository){
5              _foodRepository = foodRepository;
6          }
7          public IActionResult Index(){
8              return View();
9          }
10         public IActionResult FoodDetail(int id){
11             return View(_foodRepository.GetFoodById(id));
12         }
13     }
14 }
```

4. 创建菜品详情页面

（1）创建菜品详情页面视图

首先将鼠标指针放在 FoodDetail()方法上或选中该方法，右键单击选择【添加视图(D)...】选项，创建一个菜品详情页面。此时在项目中会自动创建一个 FoodDetail 文件夹，在该文件夹中创建一个 FoodDetail.cshtml 文件，在该文件中编写显示菜品详情页面的代码，具体代码如文件 6-13 所示。

【文件 6-13】　FoodDetail.cshtml

```
1  @model Order.Models.Food;
2  @{
3      ViewData["Title"] = "Index";
4  }
5  <div class="thumbnail" style="width:400px;margin: 0 auto">
6      <div class="row" style="display: flex;flex-direction: row;
7                          justify-content: center;margin-bottom:20px;">
8          <img src="@Model.FoodPic" alt="" />
9      </div>
10     <div class="row" style="display: flex; flex-direction: row;
11                                     justify-content: center">
12         <div style="width:300px;flex-direction: column; justify-content:
13                                                   center;">
14             <div>
15                 <h3 class="pull-right" style="color: red">
16                                             ¥ @Model.FoodPrice</h3>
17             <h3>@Model.FoodName</h3>
18             <h4>月售 @Model.SaleNum</h4>
19             <p>@Model.Taste</p>
```

```
20              </div>
21          </div>
22      </div>
23  </div>
```

（2）运行项目

运行 Order 项目后，菜品详情页面运行效果如图 6-20 所示。

图6-20　菜品详情页面

【拓展学习】

1. <div>标签

<div>标签是 HTML 标签之一，具有分割内容的作用，<div>标签与 CSS 样式可以美化网页并实现各种各样的效果，在 HTML 标签中使用最多的布局标签就是<div>标签，<div>标签本身并没有特别之处，但<div>标签替代了以前<table>标签的布局，通常一对未设置任何样式的<div>标签，在网页中显示时独占一行。

2. <h1>、<h2>、<h3>、<h4>标签

<h1>、<h2>、<h3>、<h4>标题标签通常用于在一个网页中显示唯一标题、重要栏目、重要标题等信息。当未对这 4 个标签设置任何 CSS 样式时，标签字体从大到小依次是<h1>、<h2>、<h3>、<h4>。<h1>标签在网页中最好只使用一次，特别是当一个网页中只有一个标题时。<h2>、<h3>、<h4>标签则可以在一个网页中出现多次，但是不要在网页中随意添加或过度添加。

在一个网页中可以适当使用<h1>、<h2>、<h3>、<h4>标签，有利于突出网页的重点部分，同时也利于搜索引擎排名，但切忌滥用<h1>、<h2>、<h3>、<h4>标签，适当使用即可，一切应首先考虑用户体验。如果需要控制这些标题标签的大小、背景、宽度、高度、CSS 加粗与否等，都可以通过 DIV+CSS 来实现对其样式的重新定义。

3. <p>标签

通常，在遇到需要分段换行的情况时，可在内容前加上<p>标签、在内容后加</p>标签，从而实现文章换段落。下面以一个示例进行演示，具体示例代码如下：

```
<p>我是div css!</p>
<p>我是第一段落,网址 www.baidu.com</p>
```

运行效果如图 6-21 所示。 

4. 代码块

Razor 视图除了支持代码表达式外，还支持代码块，前文的视图中经常会使用到 foreach 循环语句，具体如下：

我是div css!

我是第一段落,网址www.baidu.com

图6-21　<p>标签的显示效果

```
1  @foreach (var shop in Model){
2      <div class="row thumbnail">
3          <img src="@shop.ShopImgUrl" alt="" >
4      </div>
5  }
```

上述代码通过 foreach 循环语句并根据模型中的数据数量，将<div>标签循环显示到页面上。

6.6　本章小结

本章主要讲解了视图、Razor 视图引擎、创建视图、向视图传递数据和美化网站等知识，通过学习本章的内容，希望读者可以掌握视图的创建和视图页面的美化功能。

6.7　本章习题

一、填空题

1. _____是用户与 Web 应用程序的接口。

2. ASP.NET Core MVC 中的视图默认是以_____文件保存在应用程序的 Views 文件夹中的。

3. ViewStart.cshtml 文件是网站的起始视图，也是_____。

4. 在页面中输出单一变量的值时使用_____符号。

5. 在页面中执行多行 C#代码时，需要使用_____格式。

二、判断题

1. Views 文件夹用于存放项目中的视图文件，该文件夹中包含 Home 文件夹和 Shared 文件夹。（　）

2. 在页面中输出一个表达式的值时需要使用"@"格式。（　）

3. Razor 视图引擎不是一种语法，而是一种用于编写视图页面的代码风格，其代码依旧使用的是 C#语言。（　）

4. 程序在创建视图时会默认在 Models 文件夹中创建控制器对应的文件夹。（　）

5. Home 文件夹用于存放网站的首页信息，程序默认在 Home 文件夹中创建了两个文件，分别是Index.cshtml 文件和 Privacy.cshtml 文件。（　）

三、选择题

1. 在页面中输出一个表达式的值时需要使用（　）符号。

A. @　　　　　　　B. @()　　　　　　　C. @{}　　　　　　　D. @[ ]

2. 下列选项中，（　）不属于控制器向视图传递数据的方式。

A. ViewData 方式　　B. ViewBag 方式　　C. Model 方式　　　D. HTML 方式

3. 下列选项中，（　）不是程序自动创建的 MVC 模式对应的文件夹。

A. Models 文件夹　　B. Controllers 文件夹　　C. Views 文件夹　　　D. Mains 文件夹

4. 下列选项中通过 Model 方式在视图中获取实例化对象中的数据信息，描述正确的是（　）。

A. @stu.Name　　　B. ViewBag._Student　　C. @Model.Name　　　D. TempData["_student"]

四、简答题

1. 请简述视图的文件夹结构。

2. 请简述 Razor 引擎语法。

3. 请简述 ASP.NET MVC 中控制器向视图传递数据的 4 种方式。

第 **7** 章

身份验证与授权

在 ASP.NET Core 项目的网站中，通常会用身份验证与授权功能来限制用户是否可以登录，是否有权限访问当前页面等。本章将学习如何在网站中进行身份验证与授权，在学习的过程中需要掌握以下内容。

★ 能够添加 ASP.Net Core Identity 框架。

★ 能够实现身份验证功能。

★ 能够实现用户授权功能。

情景导入

王五是一家互联网公司的网站开发人员，当他在进行 ASP 网站开发时，网站中涉及用户的注册与登录以及授权情况。王五经过分析，得出的结论是首先要在网站中通过 ASP.Net Core Identity 框架创建注册与登录的视图页面，然后通过 Authorization 框架对用户进行身份验证与授权，授权后用户就可以访问指定的页面。身份验证与授权操作的实现过程如图 7-1 所示。

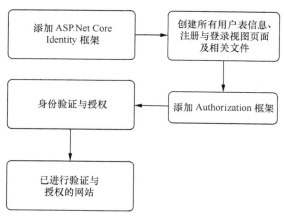

图7-1 身份验证与授权操作的实现过程

7.1　添加 ASP.Net Core Identity 框架

网上订餐项目需要对身份进行验证与授权，身份验证需要用到 ASP.Net Core Identity 框架，通过该框架可以在网站的数据库中添加需要的用户信息表，也可以创建注册与登录视图页面，本节主要介绍如何在项目中添加 ASP.Net Core Identity 框架，并通过该框架在网站的数据库中创建所有用户信息表。

【知识讲解】

1. ASP.Net Core Identity 框架简介

ASP.Net Core Identity 框架是一套用户管理系统，不仅可以提供注册与登录的功能，而且能在数据库中对存储的密码进行安全加密，并对邮箱进行认证、账户锁定以及双因素身份验证，同时也提供了身份验证（Authentication）和授权（Authorization）两个功能。身份验证的目的是让系统准确地分辨出哪个用户在登录网站，而授权则是用来管理用户的权限，例如给部分用户添加访问权限，通过这种权限的设置来限制用户对某些网站资源的访问或限制打开某些页面。

2. ASP.Net Core Identity 框架的安全性简介

通过 ASP.NET Core Identity 框架，开发者可以轻松配置和管理其应用的安全性。ASP.NET Core Identity 框架中的功能包括管理身份验证、授权、数据保护、HTTPS 强制、应用机密、请求防伪保护和 CORS 管理。通过这些安全功能，开发者可以开发安全可靠的 ASP.NET Core 应用程序。ASP.NET Core Identity 框架提供了许多用于保护应用安全的工具和库，当然也可以使用第三方标志服务（如微信、Facebook、Twitter 或 LinkedIn）。使用 ASP.NET Core Identity 框架可以轻松管理应用的机密信息，无须将机密信息暴露在代码中就可以存储和使用。

【动手实践】

为了能让用户在网站上进行注册与登录，需要使用 ASP.NET Core Identity 框架中的身份验证功能，下面将在项目 Order 中添加并启用 ASP.NET Core Identity 框架的身份验证组件。

1. 安装 Microsoft.AspNetCore.Identity.EntityFrameworkCore 包

为了让数据库能支持身份验证，需要让 AppDbContext 类继承身份验证的数据库对象。当在 AppDbContext 类中输入 "IdentityDbContext" 时，程序识别不了该类，此时需要导入 IdentityDbContext 类所在的包 Microsoft. AspNetCore.Identity.EntityFrameworkCore。首先将鼠标指针放在 IdentityDbContext 类上，然后按住【Alt+Enter】键会弹出一个选择安装包的菜单，如图 7-2 所示。

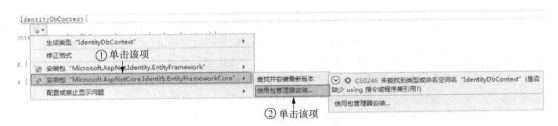

图7-2　选择安装包的弹出菜单

单击图 7-2 中的【使用包管理器安装...】选项，会弹出 "NuGet 包管理器: Order" 窗口，如图 7-3 所示。

图7-3 "NuGet包管理器: Order" 窗口

单击图 7-3 中的【安装】按钮，将 Microsoft.AspNetCore.Identity.EntityFrameworkCore 包安装到项目中。安装成功后，在项目的依赖项/包中会出现安装成功的包，如图 7-4 所示。

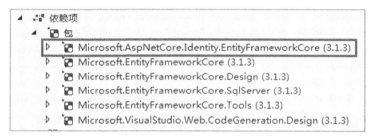

图7-4 安装成功的包

2. 让数据库支持身份验证

首先让 AppDbContext 类继承身份验证的数据库类 IdentityDbContext<IdentityUser>，IdentityUser 是默认的用户模型，具体代码如下：

```
namespace Order.Models{
    public class AppDbContext : IdentityDbContext<IdentityUser>{
        ......
    }
}
```

AppDbContext 类继承 IdentityDbContext 类后，数据库连接器会自动为系统添加数据库用户表的映射。如果数据库中的用户表不存在，IdentityDbContext 类也可以帮我们进行数据库更新，同时自动添加用户表，并且通过 AppDbContext 类可以自动获取用户信息。

3. 将身份验证中间件嵌入到请求通道中

数据库支持身份验证完成后，将身份验证中间件嵌入到请求通道中。首先在 Startup.cs 文件中找到 Configure()方法，在该方法中的静态服务托管中间件后面添加身份验证的中间件，具体代码如文件 7-1 所示。

【文件 7-1】 Startup.cs

```
1  ......
2  namespace Order{
3      public class Startup{
4          ......
5          public void Configure(IApplicationBuilder app,
6                                      IWebHostEnvironment env){
```

```
7            if (env.IsDevelopment()){
8                app.UseDeveloperExceptionPage();
9            } else{
10               app.UseExceptionHandler("/Home/Error");
11               app.UseHsts();
12           }
13           app.UseHttpsRedirection();
14           app.UseStaticFiles();    //静态服务托管中间件
15           app.UseAuthentication();//检测是否登录（身份验证）中间件
16           app.UseRouting();
17           app.UseAuthorization();//配置授权中间件
18           ......
19       }
20   }
21 }
```

添加完身份验证中间件后，需要保存代码，重新构建（Build）项目。当项目构建完成时，可以进行数据库的更新操作。首先打开程序包管理器控制台，然后在命令行中输入"add-migration IdentityInit"并按下【Enter】键，进行数据迁移，如图7-5所示。

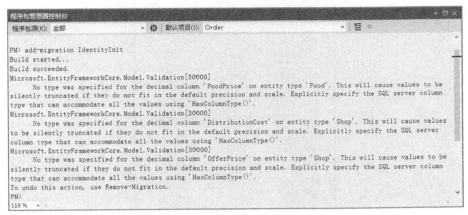

图7-5　数据迁移

运行完图7-5中的命令后，当看到控制台输出"Build succeeded"时，说明数据迁移成功，此时在项目的Migrations文件夹中会自动生成一个数据迁移的代码文件"时间_IdentityInit.cs"，在该文件中创建了很多表，这些表都来自于IdentityDbContext类。

然后在程序包管理器控制台中输入命令"update-database"并按【Enter】键，进行数据库更新，如图7-6所示。

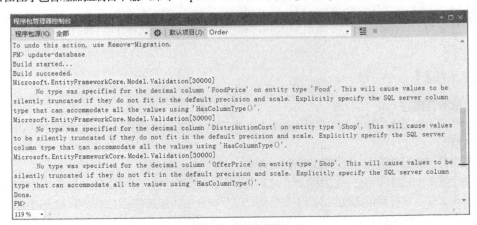

图7-6　更新数据库

运行完图 7-6 中的命令后，当看到控制台输出"Done"时，说明数据库已经更新完成。打开 SQL Server 对象资源管理器窗口，在该窗口中可以看到生成的所有用户表信息，如图 7-7 所示。

图7-7　SQL Server对象资源管理器

在图 7-7 中可以看到新创建的表，此时 ASP.NET Core Identity 框架的身份验证功能就正式启用了。

7.2　身份验证

7.1 节中已成功启用了 ASP.NET Core Identity 框架的身份验证组件，本节将会为网上订餐项目添加注册与登录功能，即实现用户的身份验证。使用 Visual Studio 的脚手架工具来创建注册与登录视图文件，并更新网站的页面结构。

【知识讲解】

1. 身份验证概述

身份验证的过程是由用户提供需要对比的数据，然后将其与存储在操作系统、数据库、应用或资源中的数据进行比较。

2. 创建身份验证需要的视图页面与相关文件

身份验证需要创建注册与登录视图页面，之前 ASP.NET 程序员需要手动为注册与登录功能创建对应的控制器和视图文件，这些操作比较烦琐且不易管理。随着 IDE 的功能越来越强大，Visual Studio 的脚手架可以通过调用各种外部库来自动创建各种与之对应的功能。下面使用 Visual Studio 自带的脚手架完成创建注册与登录视图页面。

首先在 Order 项目中选中项目并右键单击，选择【添加(D)】→【新搭建基架的项目(F)...】选项，如图 7-8 所示。

图7-8　选择新搭建基架的项目

单击图 7-8 中的【新搭建基架的项目(F)...】选项后，会弹出"添加已搭建基架的新项"对话框，如图 7-9 所示。

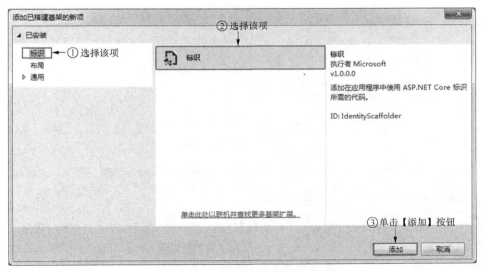

图7-9　"添加已搭建基架的新项"对话框

单击图 7-9 中的【添加】按钮后，会弹出一个"添加 标识"对话框，如图 7-10 所示。

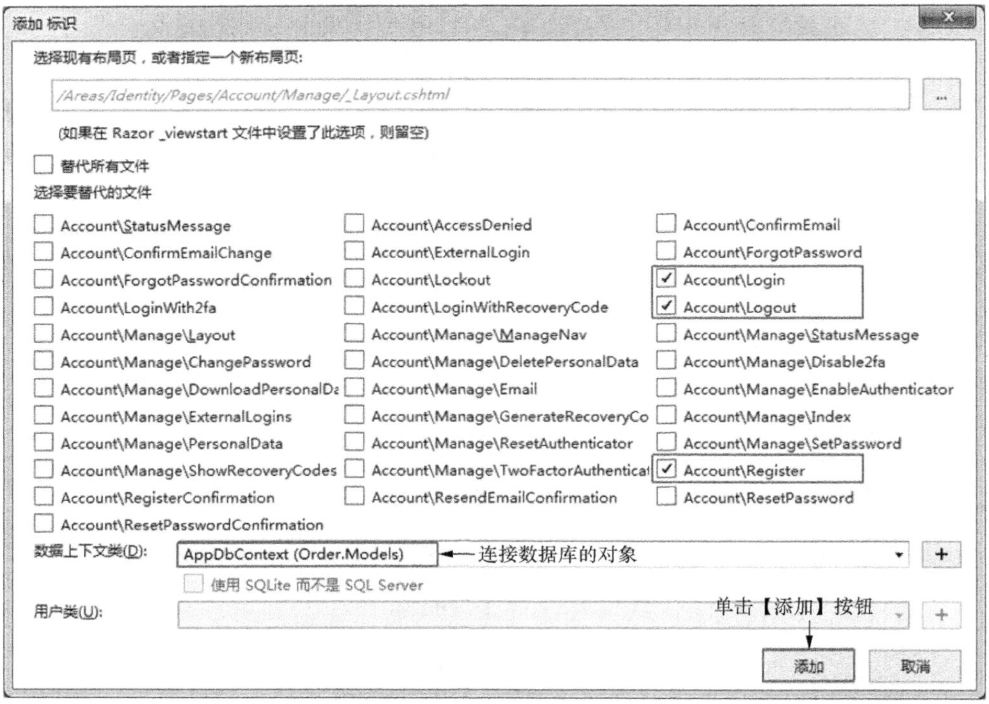

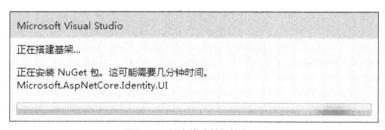

图7-10　"添加 标识"对话框

在图 7-10 中，首先在【选择要替代的文件】选项列表中选择 3 个页面视图文件，分别是 Account\Login、Account\Logout、Account\Register。然后在【数据上下文类(D)】的下拉框中，选择连接数据库的对象 AppDbContext（Order.Models）。最后单击【添加】按钮，会出现提示正在搭建基架的窗口，如图 7-11 所示。

图7-11　正在搭建基架的窗口

基架搭建成功后，会显示一个脚手架自述文件（ScaffoldingReadMe.txt），该文件的具体内容如下：

```
1  Support for ASP.NET Core Identity was added to your project.For setup
2  and configuration information, see https://go.microsoft.com
3                                     /fwlink/?linkid=2116645.
```

上述代码中，第 1 行代码表示 Identity（标识）已经成功添加到项目中。当成功添加标识后，脚手架工具也在项目中创建了Areas文件夹，在该文件夹中还创建了身份验证需要的所有视图页面和相关文件，Areas 文件夹如图 7-12 所示。

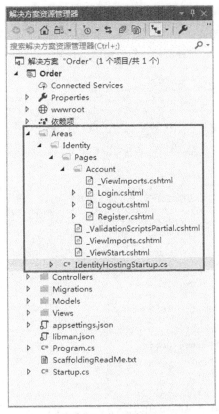

图7-12　Areas文件夹

至此，已创建好身份验证需要的所有视图页面和相关文件。

【动手实践】

如果想要在项目中使用 ASP.NET Core Identity 框架的组件，就需要设置以下几个信息。

1. 启用静态服务托管与身份验证中间件

在 Startup.cs 文件的 Configure()方法中启用中间件 "app.UseStaticFiles()" 来支持静态文件的托管，启用中间件 "app.UseAuthentication()" 和 "app.UseAuthorization()" 完成身份验证请求，具体代码如下：

```
1   namespace Order{
2      public class Startup{
3         ......
4         public void Configure(IApplicationBuilder app,
5                                          IwebHostEnvironment env){
6            ......
7            app.UseHttpsRedirection();
8            app.UseStaticFiles();    //静态服务托管中间件
9            app.UseAuthentication();//身份验证中间件
10           app.UseRouting();
11           app.UseAuthorization();//配置授权中间件
12           ......
13        }
14     }
15  }
```

上述代码中，第 8、9、11 行代码中分别启动了静态服务托管中间件、身份验证中间件和配置授权中间件，相关内容在前面章节中已经介绍。

2. 注册 MVC 服务依赖

启用完静态文件托管与身份验证请求的中间件后，还需要在 Startup.cs 文件的 ConfigureServices()方法中通过"services.AddMvc()"注册 MVC 的服务依赖，然后在请求通道中通过"app.UseMvc()"启用 MVC 中间件，具体代码如下：

```
1   namespace Order{
2       public class Startup{
3           ......
4           public void ConfigureServices(IServiceCollection services){
5               services.AddDbContext<AppDbContext>(options => options.
6                           UseSqlServer(Configuration.GetConnectionString
7                                       ("DefaultConnection")));
8               services.AddMvc(); //注册 MVC 服务依赖
9               services.AddControllersWithViews();
10              //将店铺和菜品数据与接口注册到系统的依赖注入容器中
11              services.AddTransient<IShopRepository, ShopRepository>();
12              services.AddTransient<IFoodRepository, FoodRepository>();
13          }
14          public void Configure(IApplicationBuilder app,
15                                       IwebHostEnvironment env){
16              ......
17              app.UseEndpoints(endpoints =>
18              {
19                  endpoints.MapControllerRoute(
20                      name: "default",
21                      pattern: "{controller=Home}/{action=Index}/{id?}");
22                  endpoints.MapRazorPages();
23              });
24          }
25      }
26  }
```

上述代码中，第 8 行代码调用 AddMvc()方法用于注册 MVC 的服务依赖；第 22 行代码通过调用 MapRazorPages()方法将 Razor 页面的服务、选项、约定等添加到管道中，从而为 Razor 视图页面启用路由。

3. 登录与注册页面

（1）登录页面

首先打开项目中的 Areas/Identity/Pages/Account/Login.cshtml 文件，该文件的核心代码如下：

```
1   @page
2   @model LoginModel
3   @{
4       ViewData["Title"] = "Login";
5   }
6   <h1>@ViewData["Title"]</h1>
7   <div class="row">
8       <div class="col-md-4">
9           <section>
10              <form id="account" method="post">
11                  <h4>Use a local account to log in.</h4>
12                  <hr />
13                  <div asp-validation-summary="All" class="text-danger"></div>
14                  <div class="form-group">
15                      <label asp-for="Input.Email"></label>
16                      <input asp-for="Input.Email" class="form-control" />
17                      <span asp-validation-for="Input.Email"
18                                      class="text-danger"></span>
19                  </div>
20                  <div class="form-group">
21                      <label asp-for="Input.Password"></label>
22                      <input asp-for="Input.Password" class="form-control" />
23                      <span asp-validation-for="Input.Password"
24                                      class="text-danger"></span>
25                  </div>
```

```
26          </form>
27        </section>
28      </div>
29    </div>
30    ......
```

上述代码中，第 1 行代码中的@page 表示一个标识符，该标识符表示调用 Razor 组件 Razorpages Framework；第 10 行代码添加了一个<form>标签，该标签表示一个表单，在<form>标签中，属性 method 的值为 post，表示通过 POST 请求获取数据，在表单中添加了 2 个<input>标签分别用于输入邮箱和密码。

打开项目中的 Login.cshtml.cs 文件，该文件是登录页面对应的逻辑代码，登录页面是基于 Razor 页面控件开发的页面。Login.cshtml.cs 文件的核心代码如文件 7-2 所示。

【文件 7-2】 Login.cshtml.cs

```
1   namespace Order.Areas.Identity.Pages.Account{
2       [AllowAnonymous]
3       public class LoginModel : PageModel{
4           ......
5           public async Task OnGetAsync(string returnUrl = null){
6               if (!string.IsNullOrEmpty(ErrorMessage)){
7                   ModelState.AddModelError(string.Empty, ErrorMessage);
8               }
9               returnUrl = returnUrl ?? Url.Content("~/");
10              HttpContext.SignOutAsync(IdentityConstants.ExternalScheme);
11              ExternalLogins = (await _signInManager.
12                          GetExternalAuthenticationSchemesAsync()).ToList();
13              ReturnUrl = returnUrl;
14          }
15          public async Task<IActionResult> OnPostAsync(string returnUrl = null)
16          {
17              returnUrl = returnUrl ?? Url.Content("~/");
18              if (ModelState.IsValid){
19              var result = await _signInManager.PasswordSignInAsync(
20                          Input.Email, Input.Password, Input.RememberMe,
21                                      lockoutOnFailure: false);
22                  if (result.Succeeded){
23                      _logger.LogInformation("User logged in.");
24                      return LocalRedirect(returnUrl);
25                  }
26                  if (result.RequiresTwoFactor){
27                      return RedirectToPage("./LoginWith2fa", new { ReturnUrl
28                              = returnUrl, RememberMe = Input.RememberMe });
29                  }
30                  if (result.IsLockedOut){
31                      _logger.LogWarning("User account locked out.");
32                      return RedirectToPage("./Lockout");
33                  }else{
34                      ModelState.AddModelError(string.Empty, "Invalid
35                                              login attempt.");
36                      return Page();
37                  }
38              }
39              return Page();
40          }
41      }
42  }
```

上述代码中，第 5~14 行代码定义了一个 OnGetAsync()方法，该方法是页面的初始化方法，也就是当页面被初始化时程序会调用该方法。

第 15~40 行代码定义了一个 OnPostAsync()方法，当页面提交登录表单时，程序会执行该方法。其中，第 19~21 行代码调用_signInManager 的 PasswordSignInAsync()方法，根据页面模型传入的 Email 和 Password 来实现页面的注册与登录功能。

如果页面登录成功，程序会执行第 22～25 行代码，在该代码中通过调用 LocalRedirect()方法将页面重新定向到原来的 URL（returnUrl），该 URL 以参数的形式传入到 LocalRedirect()方法中。

当页面登录不成功时，程序首先会执行第 26～29 行代码，判断当前二次认证是否成功，如果认证成功，则页面会重新定向到 LoginWith2fa 页面（二次认证的登录页面）。如果二次认证不成功，则程序会执行第 30～33 行代码判断登录的账号是否被锁定，如果被锁定，则通过 LogWarning()方法提示用户账号已经被锁定，并将页面重新定向到账号被锁定的页面。如果账号没被锁定，则程序会执行 33～37 行代码，通过 AddModelError()方法将提示信息 "Invalid login attempt."（无效的登录尝试）保存到模型状态中，并返回当前页面。

（2）注册页面

打开项目中的 Areas/Identity/Pages/Account/Register.cshtml 文件，该文件的核心代码如下：

```
1  @page
2  @model RegisterModel
3  @{
4      ViewData["Title"] = "Register";
5  }
6  <h1>@ViewData["Title"]</h1>
7  <div class="row">
8      <div class="col-md-4">
9          <form asp-route-returnUrl="@Model.ReturnUrl" method="post">
10             <h4>Create a new account.</h4>
11             <hr />
12             <div asp-validation-summary="All" class="text-danger"></div>
13             <div class="form-group">
14                 <label asp-for="Input.Email"></label>
15                 <input asp-for="Input.Email" class="form-control" />
16                 <span asp-validation-for="Input.Email"
17                                         class="text-danger"></span>
18             </div>
19             <div class="form-group">
20                 <label asp-for="Input.Password"></label>
21                 <input asp-for="Input.Password" class="form-control" />
22                 <span asp-validation-for="Input.Password"
23                                         class="text-danger"></span>
24             </div>
25             <div class="form-group">
26                 <label asp-for="Input.ConfirmPassword"></label>
27                 <input asp-for="Input.ConfirmPassword"
28                                             class="form-control" />
29                 <span asp-validation-for="Input.ConfirmPassword"
30                                         class="text-danger"></span>
31             </div>
32             <button type="submit" class="btn btn-primary">Register</button>
33         </form>
34     </div>
35     ......
36 <div>
```

由上述代码可知，在注册页面中可以输入邮箱（Email）、密码和确认密码，当输入完这些信息后，提交表单并以 POST 请求的方式请求数据。此时程序会进入 Register.cshtml.cs 文件中，在该文件的 OnPostAsync()方法中执行 POST 请求，Register.cshtml.cs 文件中的核心代码如文件 7-3 所示。

【文件 7-3】　Register.cshtml.cs

```
1  namespace Order.Areas.Identity.Pages.Account{
2      [AllowAnonymous]
3      public class RegisterModel : PageModel{
4          ......
5          public async Task OnGetAsync(string returnUrl = null){
6              ReturnUrl = returnUrl;
7              ExternalLogins = (await _signInManager.
8                      GetExternalAuthenticationSchemesAsync()).ToList();
9          }
```

```
10          public async Task<IActionResult> OnPostAsync(string returnUrl = null)
11          {
12              returnUrl = returnUrl ?? Url.Content("~/");
13              ExternalLogins = (await _signInManager.
14                      GetExternalAuthenticationSchemesAsync()).ToList();
15              if (ModelState.IsValid){
16                  var user = new IdentityUser { UserName = Input.Email,
17                                                Email = Input.Email };
18                  var result = await _userManager.CreateAsync(user,
19                                                Input.Password);
20                  if (result.Succeeded){
21                      _logger.LogInformation("User created a new account
22                                                with password.");
23                      var code = await _userManager.
24                              GenerateEmailConfirmationTokenAsync(user);
25                      code = WebEncoders.Base64UrlEncode(
26                                      Encoding.UTF8.GetBytes(code));
27                      var callbackUrl = Url.Page(
28                          "/Account/ConfirmEmail", pageHandler: null,
29                          values: new { area = "Identity", userId = user.Id,
30                                      code = code, returnUrl = returnUrl },
31                                          protocol: Request.Scheme);
32                      await _emailSender.SendEmailAsync(Input.Email,
33                          "Confirm your email",$"Please confirm your account
34                          by <a href='{HtmlEncoder.Default.Encode(callbackUrl)}'
35                                          >clicking here</a>.");
36                      if (_userManager.Options.SignIn.RequireConfirmedAccount)
37                      {
38                          return RedirectToPage("RegisterConfirmation", new
39                              { email = Input.Email, returnUrl = returnUrl });
40                      }else{
41                          await _signInManager.SignInAsync(user, isPersistent:
42                                                          false);
43                          return LocalRedirect(returnUrl);
44                      }
45                  }
46                  foreach (var error in result.Errors){
47                      ModelState.AddModelError(string.Empty,
48                                                  error.Description);
49                  }
50              }
51              return Page();
52          }
53      }
54  }
```

上述代码中，第 10～52 行代码定义了一个 OnPostAsync()方法，该方法用于处理注册表单提交的 POST 请求。通过执行该方法，系统会使用 Email 创建一个新用户。其中，第 18～19 行代码调用 CreateAsync()方法在数据库中创建新用户，同时对新用户的密码进行加密。如果新用户创建成功，则系统会自动用创建的新用户登录，并且页面会重新定向到原来输入的 URL。

登录与注册页面中的代码可以根据自己的需求进行更改，例如在注册时需要添加一个邮箱验证的功能，登录时需要添加一个手机验证的功能。

（3）配置文件

打开项目中的 Areas/Identity/IdentityHostingStartup.cs 文件，该文件由 Visual Studio 中的脚手架自动生成，用于配置 ASP.NET Core Identity 框架的组件。IdentityHostingStartup.cs 文件修改后的具体代码如文件 7-4 所示。

【文件 7-4】 IdentityHostingStartup.cs

```
1  [assembly: HostingStartup(typeof(Order.Areas.Identity.
2                                      IdentityHostingStartup))]
3  namespace Order.Areas.Identity{
4      public class IdentityHostingStartup : IHostingStartup{
```

```
5          public void Configure(IWebHostBuilder builder){
6              builder.ConfigureServices((context, services) => {
7                  services.AddDefaultIdentity<IdentityUser>().
8                          AddEntityFrameworkStores<AppDbContext>();
9              });
10         }
11     }
12 }
```

上述代码中，第 7～8 行代码首先调用 AddDefaultIdentity()方法使用默认配置添加对身份验证的支持，然后调用 AddEntityFrameworkStores<AppDbContext>() 方法添加对 Entity Framework 的支持，同时还将 AppDbContext 作为泛型类型传入到方法中。

（4）完成注册与登录页面的导航

打开项目中的 Views/Shared/_LoginPartial.cshtml 文件，该文件也是由 Visual Studio 中的脚手架创建的。其中 Partial 表示部分视图，即_LoginPartial.cshtml 文件不可以单独进行操作，必须嵌套其他的文件一同使用，该文件修改后的具体代码如文件 7-5 所示。

【文件 7-5】 _LoginPartial.cshtml

```
1  @using Microsoft.AspNetCore.Identity
2  @inject SignInManager<IdentityUser> SignInManager
3  @inject UserManager<IdentityUser> UserManager
4      <ul class="nav navbar-nav navbar-right">
5          @if (SignInManager.IsSignedIn(User)){
6          <li class="nav-item">
7              <a id="manage" class="nav-link text-dark" asp-area="Identity"
8               asp-page="/Account/Manage/Index" title="Manage">
9                  Hello @UserManager.GetUserName(User)!
10             </a>
11         </li>
12         <li class="nav-item">
13             <form id="logoutForm" class="form-inline" asp-area="Identity"
14                  asp-page="/Account/Logout" asp-route-returnUrl="@Url.
15                      Action("Index", "Home", new { area = "" })">
16                 <button id="logout" type="submit" class="nav-link btn
17                      btn-link text-dark" style="padding:15px 10px">
18                                                      退出</button>
19             </form>
20         </li>
21         }else{
22         <ul class="nav navbar-nav navbar-right">
23             <li class="nav-item" style="font-size:18px">
24                 <a class="nav-link text-dark" id="register"
25                  asp-area="Identity"
26                  asp-page="/Account/Register">注册</a>
27             </li>
28             <li class="nav-item" style="font-size:18px">
29                 <a class="nav-link text-dark" id="login"
30                  asp-area="Identity"
31                  asp-page="/Account/Login">登录</a>
32             </li>
33         </ul>
34         }
35     </ul>
```

上述代码中，第 2～3 行代码使用了 @inject 语句，这 2 个语句用于从 IOC 容器（StartUp.cs 文件）中提取 SignInManager 和 UserManager。

第 5～34 行代码用于判断当前用户是否已经登录。如果用户已登录，则程序会执行第 6～20 行代码，当前页面会显示一个用户名和一个【退出】按钮，当用户单击【退出】按钮后，可以退出登录状态；如果用户未登录，则程序会执行第 22～33 行代码，当前页面会显示【注册】按钮和【登录】按钮。

　　介绍完_LoginPartial.cshtml 文件后，需要在 Views/Shared/_Layout.cshtml 文件中引入_Layout.cshtml 文件，具体代码如文件 7-6 所示。

【文件 7-6】　_Layout.cshtml

```
1    ......
2    <body>
3        <header>
4            ......
5                <div class="navbar-collapse collapse">
6                    <ul class="nav navbar-nav">
7                        <li><a asp-controller="Home" asp-action="Index"
8                                        class="navbar-brand">首页</a></li>
9                        <partial name="_LoginPartial" />
10                   </ul>
11               </div>
12            ......
13        </header>
14        ......
15        @RenderSection("Scripts",required:false)
16    </body>
17    </html>
```

　　上述代码中，第 9 行代码用于将_LoginPartial.cshtml 文件引入到模板页面中；第 15 行代码添加的"@RenderSection("Scripts",required:false)"用于防止在运行项目时由于缺少 JavaScript 脚本使项目出现异常。

（5）运行项目

　　运行 Order 项目，运行后首页页面效果如图 7-13 所示。

图7-13　首页页面

　　由图 7-13 可知，首页顶部导航栏中出现了【注册】按钮和【登录】按钮，单击【注册】按钮，程序会跳转到注册页面，如图 7-14 所示。

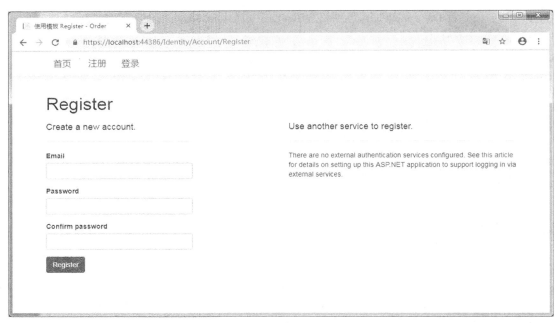

图7-14　注册页面

单击导航栏中的【登录】按钮，程序会跳转到登录页面，如图 7-15 所示。

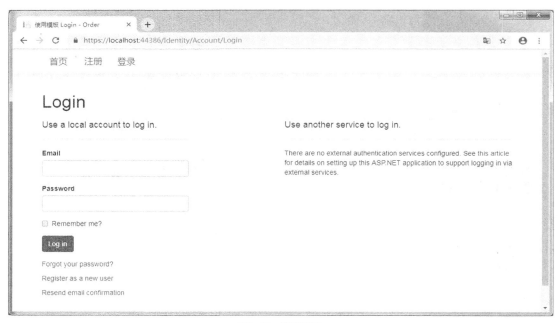

图7-15　登录页面

当注册与登录成功后，程序会直接进入首页页面，首页顶部导航栏中的登录和注册文字信息会替换为用户名和退出的文字信息，登录成功后的首页效果如图 7-16 所示。

图7-16　登录成功后的首页效果

当单击【退出】按钮退出登录状态后，首页效果与未登录时的效果是一样的，此处不再重复展示首页未登录时的效果图。

7.3　用户授权

当在一个网站中访问一个页面时，如果该页面需要用户登录成功后才可进行访问，此时就需要为该页面进行用户登录的授权，授权后才可以进入需要访问的页面，下面将对用户的授权进行详细讲解。

【知识讲解】

1. 授权的概念

授权是指确认用户拥有足够的权限来访问请求的资源，例如，允许用户创建文档库、添加文档、编辑文档和删除文档。在授权过程中，如果用户提供的数据与存储的数据匹配，则用户身份验证成功，可以执行已向其授权的操作。授权也可以看作是用户对该空间内的对象执行的操作。

2. 添加用户授权

如果某网上订餐网站不想让未登录的用户去访问菜品详情页面，可以通过为网站添加用户授权来实现。如果用户登录成功，则可以访问菜品详情页面，否则，不可以访问菜品详情页面。为了实现这个功能，需要使用权限验证（Authorize）框架对菜品详情页面对应的控制器进行授权，具体操作可详见【动手实践】中的内容。

【动手实践】

如何让用户登录时才能访问菜品详情页面呢？下面通过具体的步骤来实现。

1. 对菜品详情页面的控制器进行授权

想实现只有登录成功的用户才能访问菜品详情页面，就需要在菜品详情页面对应的控制器中进行用户授权。首先在菜品详情页面控制器 FoodDetailController 中引入 Authorzation 框架，然后在该控制器上方添加"[Authorize]"来进行授权，具体示例代码如下：

```
 1   ......
 2   using Microsoft.AspNetCore.Authorization;//引入 Authorization 框架
 3   namespace Order.Controllers
 4   {
 5       [Authorize]
 6       public class FoodDetailController : Controller
 7       {
 8           ......
 9       }
10   }
```

2. 运行项目

运行项目时，如果用户未登录，单击店铺详情页面中的菜品名称，页面会重定向到登录页面，只有用户登录成功之后才可以进入菜品详情页面。

7.4   本章小结

本章主要讲解了如何添加 ASP.Net Core Identity 框架、身份验证、用户授权等内容，通过学习本章的内容，可以掌握如何在网站中通过添加 ASP.Net Core Identity 框架来创建注册与登录视图页面，从而进行身份验证，通过 Authorzation 框架进行用户授权，为以后在企业网站中添加身份验证与授权功能奠定了基础。

7.5   本章习题

一、填空题

1. _____框架是一套用户管理系统，不仅可以提供注册登录的功能，而且能在数据库中对存储的密码进行安全加密。

2. 当看到控制台输出_____时，说明数据迁移成功。

3. 在程序包管理器控制台中输入命令_____并按【Enter】键进行数据库更新。

4. 在 Startup.cs 文件中的_____方法中启用中间件"app.UseStaticFiles()"来支持静态文件的托管。

5. _____是指确认用户拥有足够的权限来访问请求的资源，例如，允许用户创建文档库、添加文档、编辑文档和删除文档。

二、判断题

1. 通过 ASP.Net Core Identity 框架在网站的数据库中添加需要的用户信息表，也可以创建注册与登录视图页面。（   ）

2. 启用中间件"app.UseAuthentication()"与"app.UseAuthorization()"完成身份验证请求。（   ）

3. 在授权过程中，如果用户提供的数据与存储的数据匹配，则用户身份验证成功，可以执行已向其授权的操作。（   ）

4. 在 Startup.cs 文件的 Configure()方法中通过"services.AddMvc()"注册 MVC 的服务依赖。（   ）

5. 授权也可以看作是用户对该空间内的对象执行的操作。（   ）

三、选择题

1. 在 Startup.cs 文件的（　　）方法中添加身份验证的中间件（　　）。

A. Configure()　　　　　　B. AddMvc()　　　　　　C. UseStaticFiles()　　　　　　D. ConfigureServices()

2. 当看到控制台输出（　　）时，说明数据库已经更新完成（　　）。

A. Done　　　　　　B. Build succeeded　　　　　　C. Gone　　　　　　D. Succeeded

3. IdentityDbContext 类属于（　　）包。

A. Microsoft.AspNetCore.Identity.Core

B. Microsoft.AspNetCore.Identity.Entity

C. Microsoft.AspNetCore.Identity.EntityFrameworkCore

D. Microsoft.AspNetCore.EntityFrameworkCore

4. 数据迁移成功时在项目中的 Migrations 文件夹中会自动生成一个数据迁移的代码文件（　　）。

A. "解决方案名_IdentityInit.cs"　　　　　　B. "时间_IdentityInit.cs"

C. "程序名_IdentityInit.cs"　　　　　　D. "_IdentityInit.cs"

四、简答题

1. 请简述如何添加 ASP.NET Core Identity 框架。

2. 如何对用户进行授权？

第 **8** 章

ASP.NET Core应用程序的
发布与部署

学习目标

　　当一个网站项目创建完成后，首先需要对这个项目进行发布，通过发布应用程序来编译并生成这些需要部署的必要文件，并将这些文件发布到指定的文件夹中，然后将发布后的文件部署到服务器上，这样才可以通过服务器浏览所创建的网站。本章将学习如何发布与部署 ASP.NET Core 应用程序，在学习的过程中需要掌握以下内容。

　　★ 能够发布应用程序到本地文件夹。

　　★ 能够部署应用程序到 IIS 服务器。

情景导入

　　小李是一家互联网公司的 ASP.NET 开发人员，最近老板让小李开发一个网站，开发完成后想要将网站程序中的代码文件发布并部署到 IIS 服务器上。经过一番操作，小李终于将程序的代码文件部署到 IIS 服务器上了，并且还可以通过 IIS 服务器在浏览器中成功访问网站。小李最后总结了一下 ASP.NET Core 应用程序的发布与部署流程，如图 8-1 所示。

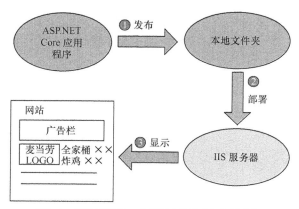

图8-1　ASP.NET Core应用程序的发布与部署流程

图 8-1 中①～③的具体介绍如下。

① 表示在 Visual Studio 开发工具中发布编写好的 ASP.NET Core 应用程序,将程序中需要部署到服务器的文件发布到本地文件夹中。

② 表示将发布到本地文件夹中的文件部署到 IIS 服务器上。

③ 表示通过浏览器访问部署后的网站地址并显示网站信息。

8.1　发布应用程序

当创建好 ASP.NET Core 应用程序后,需要发布应用程序,并将程序部署到服务器上,这样才可以通过服务器访问网站信息。由于部署程序时需要将部分重要文件部署到服务器上,因此需要通过发布应用程序来编译与生成这些需要部署的必要文件。下面将对发布应用程序的步骤进行详细讲解。

【动手实践】

以网上订餐项目(Order 应用程序)为例,在 Visual Studio 中发布 Order 应用程序的具体操作如下。

1.将应用程序发布到本地文件夹

首先在 Visual Studio 中选中 Order 应用程序,右键单击选择【发布(B)...】选项,会弹出发布项目的窗口,如图 8-2 所示。

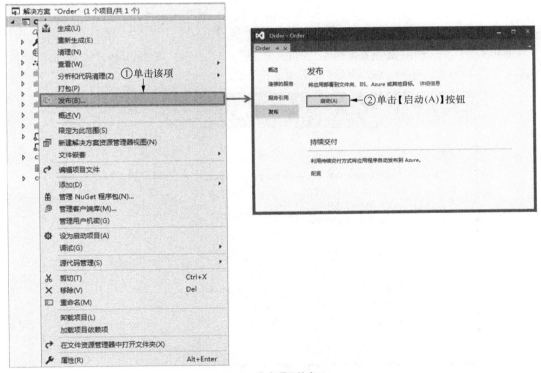

图8-2　发布项目的窗口

单击图 8-2 中的【启动(A)】按钮后,会弹出"选取发布目标"窗口,如图 8-3 所示。

图8-3　"选取发布目标"窗口

在图 8-3 中，首先选择选取发布目标为"文件夹"选项，其次选择发布到的具体文件夹，然后单击【创建配置文件(P)】按钮，会弹出"发布"窗口，如图 8-4 所示。

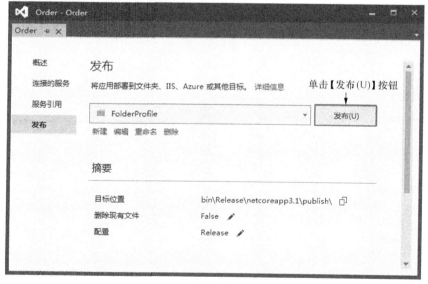

图8-4　"发布"窗口

单击图 8-4 中的【发布(U)】按钮后，将开始编译应用程序，并将所有二进制文件复制到指定的文件夹中。发布成功后，会在 Visual Studio 的"输出"窗口中显示发布成功的过程信息，如图 8-5 所示。

图8-5　"输出"窗口

发布成功后会在 D:\workspace\Order\Order\bin\Release\netcoreapp3.1\publish 目录下生成一些文件，发布后生成的文件如图 8-6 所示。

图8-6　发布后生成的文件

至此，Order 应用程序已经成功发布到本地文件夹中。

2. 验证程序是否发布成功

发布成功后可通过 cmd 命令窗口验证程序是否发布成功，在 cmd 命令窗口中的具体操作如下。

首先在 cmd 命令窗口中输入 "d: && cd D:\workspace\Order\Order\bin\Release\netcoreapp3.1\publish" 命令，并按下【Enter】键，进入到发布输出目录 publish 下，如图 8-7 所示。

图8-7　cmd命令窗口

　　然后在 cmd 命令窗口中的发布输出目录后输入 "dotnet Order.dll" 命令，并按下【Enter】键，启动应用程序，启动成功后，在 cmd 命令窗口中会输出一些启动应用程序成功的信息，如图 8-8 所示。

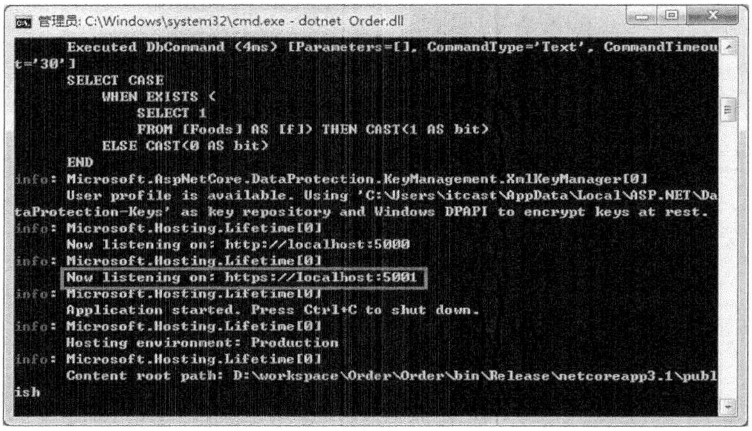

图8-8　启动应用程序成功的信息

　　至此，项目名为 Order 的应用程序已经启动成功。除了可以使用 cmd 命令方式启动应用程序外，还可以直接在发布目录 D:\workspace\Order\Order\bin\Release\netcoreapp3.1\publish 中，找到 Order.exe 文件，双击该文件也可以启动应用程序。

　　应用程序启动成功后，可以通过浏览器访问 "https://localhost:5001" 来验证程序是否启动成功，在浏览器中输入 "https://localhost:5001"，按下【Enter】键，此时在浏览器页面上会显示 Order 应用程序的首页页面，说明程序已经成功启动，首页页面如图 8-9 所示。

图8-9　首页页面

【拓展学习】

编写 ASP.NET Core 应用程序需要创建和编辑多个文件，但是如果将应用程序部署到生产服务器或暂存服务器上，并不是所有文件都是必须创建和编译的。因此，部署 ASP.NET Core 应用程序的第一步是将应用程序发布到一个本地文件夹，编译必要的文件，并将这些需要移动到生产环境的文件单独保存。需要部署的文件通常包括源代码文件编译成的 DLL 文件，以及静态文件和配置文件，接着可以将这些文件部署到服务器上。

8.2　部署应用程序

8.1 节发布完 Order 应用程序后，需要将发布后的程序文件部署到 IIS 服务器上才可以通过服务器访问网上订餐网站。发布后的文件除了可以部署到 IIS 服务器外，还可以部署到 Microsoft Azure 服务器、Linux 本地计算机或另外一种云平台上。本节主要以 IIS 服务器为例，将对发布后的文件如何部署到 IIS 服务器上进行详细讲解。

【动手实践】

将发布后的 Order 应用程序部署到 IIS 服务器的具体步骤如下。

1. 在 IIS 服务器上安装.NET Core 托管捆绑包

在 IIS 服务器上安装.NET Core 托管捆绑包,该捆绑包可以安装.NET Core 运行时、.NET Core 库和.NET Core 模块，.NET Core 模块允许.NET Core 应用程序在 IIS 服务器后台运行。.NET Core 托管捆绑包的安装步骤如下所示。

首先下载.NET Core 托管捆绑包安装程序，下载后该安装程序是一个名为 dotnet–hosting–3.1.8–win.exe 的文件，然后双击该文件弹出一个"打开文件–安全警告"窗口，如图 8–10 所示。

单击图 8–10 中的【运行(R)】按钮，弹出"Microsoft.NET Core 3.1.8–Windows Server Hosting 安装"窗口，如图 8–11 所示。

图8-10　"打开文件–安全警告"窗口

图8-11　"Microsoft.NET Core 3.1.8–Windows Server Hosting安装"窗口

勾选图 8–11 中的"我同意许可条款和条件(A)"前方的复选框，单击【安装(I)】按钮，会弹出安装进度的窗口，如图 8–12 所示。

安装完成后，会弹出安装成功的窗口，如图 8–13 所示。

图8-12　安装进度窗口

图8-13　安装成功窗口

至此，.NET Core 托管捆绑包已安装成功。安装完成后需重启 IIS 服务器。

2. 在 IIS 管理器中创建 IIS 站点

由于在第 1 章中已经详细讲解过如何安装与配置 IIS 服务器，此处简单讲解一下如何创建网上订餐项目的 IIS 站点，具体步骤如下。

首先单击计算机中的【开始】→【控制面板】→【管理工具】，弹出"管理工具"窗口，在该窗口中双击【Internet 信息服务(IIS)管理器】，进入"Internet 信息服务(IIS)管理器"窗口，如图 8-14 所示。

图8-14　"Internet信息服务(IIS)管理器"窗口

选中图 8-14 中的【应用程序池】选项，右键单击选择【添加应用程序池...】选项，会弹出一个"添加应用程序池"窗口，如图 8-15 所示。

在图 8-15 中，输入应用程序池的名称为"MyOrder"，.NET Framework 版本为"无托管代码"，托管管道模式为"集成"，单击【确定】按钮，完成 MyOrder 应用程序池的添加。添加后的应用程序池 MyOrder 会显示在应用程序池中，如图 8-16 所示。

图8-15　"添加应用程序池"窗口

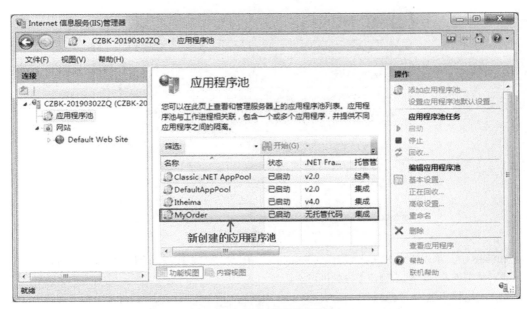

图8-16　显示应用程序池窗口

图 8-16 中，选中 MyOrder 应用程序池，右键单击选择【设置应用程序池默认设置...】选项，会弹出"应用程序池默认设置"窗口，如图 8-17 所示。

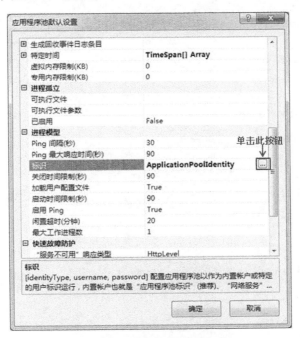

图8-17　"应用程序池默认设置"窗口

在图 8-17 中，为了让应用程序池的权限更大一些，需要设置进程模型中的标识值为"LocalSystem"，因此需要找到进程模型中的"标识"，单击其右侧的【...】按钮，此时会弹出"应用程序池标识"窗口，如图 8-18 所示。

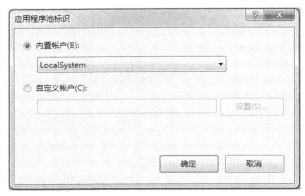

图8-18　"应用程序池标识"窗口

在图 8-18 中，将内置账户设置为"LocalSystem"，单击【确定】按钮，会回到"应用程序池默认设置"窗口，此时单击该窗口中的【确定】按钮即可。

设置完应用程序池后，需要创建一个名为 Order 的网站，将发布后的程序文件部署到该网站。首先选中"Internet 信息服务(IIS)管理器"窗口中【网站】选项，右键单击选择【添加网站...】选项，会弹出"添加网站"窗口，如图 8-19 所示。

图8-19　"添加网站"窗口

在图 8-19 中，将网站名称设置为"Order"，应用程序池设置为"MyOrder"，物理路径设置为程序的发布目录，此处为"D:\workspace\Order\Order\bin\Release\netcoreapp3.1\publish"，类型选择为"http"，IP 地址设置为自己计算机的 IP 地址，端口设置为"80"。单击【确定】按钮，在"Internet 信息服务(IIS)管理器"窗口中会出现创建的 Order 网站，如图 8-20 所示。

图8-20　　"Internet信息服务（IIS）管理器"窗口中出现创建的Order网站

至此，已经将发布后的 Order 应用程序部署到 IIS 服务器上。单击图 8-20 中右侧的浏览网站下方的内容就可以访问到网站的首页信息。

【拓展学习】

在使用.Net Framework 开发应用时，大家都倾向于使用比较熟悉的 IIS 服务器来部署程序，虽然.Net Framework 与.Net Core 运行模式不同，但是微软为了减少迁移的难度，为.Net Core 也提供了 IIS 服务器的部署方式。

与 ASP.NET 不同，ASP.NET Core 不再是由 IIS 工作进程（w3wp.exe）托管，而是使用自托管 Web 服务器（Kestrel）运行，IIS 服务器则是作为反向代理的角色转发请求到 Kestrel 不同端口的 ASP.NET Core 程序中，然后将接收到的请求推送至中间件管道中，处理完请求和相关业务逻辑后再将 HTTP 响应数据重新写回到 IIS 服务器中，最终转达到不同的客户端（浏览器、APP、客户端等）。

8.3　本章小结

本章主要介绍了 ASP.NET Core 应用程序的发布与部署，首先通过 Visual Studio 开发工具将网上订餐项目的应用程序 Order 发布到本地文件夹中，然后将发布的文件直接部署到 IIS 服务器上，最后通过服务器提供的地址来浏览网上订餐项目的网站。通过学习本章的内容，读者能够掌握如何发布与部署 ASP.NET Core 应用程序。

8.4　本章习题

一、填空题

1. 在 IIS 服务器上安装.NET Core 托管捆绑包，该捆绑包可以安装.NET Core 运行时、.NET Core 库和_____。
2. _____允许.NET Core 应用程序在 IIS 服务器后台运行。
3. 发布程序成功后可通过_____窗口验证程序是否发布成功。
4. 在 cmd 命令窗口中的发布输出目录后输入_____命令，并按下【Enter】键，启动应用程序。

二、判断题

1. 在 Visual Studio 中选中 Order 应用程序，右键单击选择【发布(B)...】选项，会弹出发布项目的窗口。（　）
2. 程序已经启动成功后可以通过浏览器访问 localhost:5004 来验证程序是否启动成功。（　）
3. 在使用.Net Framework 开发应用时，大家都倾向于使用比较熟悉的 IIS 服务器来部署程序。（　）
4. 为了让应用程序池的权限更大一些，需要设置进程模型中的标识值为 "LocalSystem"。（　）

三、选择题

1. 下列选项中，（　）来验证应用程序是否启动成功。
A. 通过浏览器访问 localhost:5001　　　　　　B. 通过浏览器访问 localhost:8080
C. 通过浏览器访问 localhost:5003　　　　　　D. 通过浏览器访问 localhost
2. 下列选项中，（　）不是.NET Core 托管捆绑包可以安装的。
A. .NET Core 运行时　　B. .NET Core 库　　C. .NET Core 模块　　D. .NET 模块
3. 为了让应用程序池的权限更大一些，需要设置进程模型中的标识值为（　）。
A. "LocalSystem"　　　　　　　　　　　　　B. "LocalService"
C. "NetworkService"　　　　　　　　　　　D. "ApplicationPoolIdentity"
4. 在 cmd 命令窗口中的发布输出目录后输入（　）命令，并按下【Enter】键，启动应用程序。
A. dotnet Order.dll"　　B. "start Order.dll"　　C. "Order.dll"　　D. "startup Order.dll"

四、简答题

1. 如何发布应用程序？
2. 如何将应用程序部署到 IIS 服务器上？